U0312406

气象干旱年鉴

（2014）

中国气象局兰州干旱气象研究所

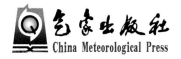

气象出版社
China Meteorological Press

内 容 简 介

　　本年鉴是对 2013 年全国气象干旱的全面记录、分析和综述，共分为八章。第 1 章描述 2013 年全国气候特点与气象干旱的时、空分布特征；第 2 章诊断全国重大区域干旱事件的特征与成因；第 3 章分析四季气象干旱特征；第 4 章记述干旱的影响；第 5 章介绍抗旱减灾重大服务情况；第 6 章阐述 2013 年全球气象干旱特征、全球重大气象干旱事件及其成因；第 7 章回顾全球与全国历史上的重大区域干旱事件，以期居安思危；第 8 章评述了美国干旱监测与预测业务的最新进展。本年鉴比较全面地总结分析了 2013 年我国气象干旱特点及其影响，可供政府决策部门，从事气象、农业、水文、地质、地理、生态、环境、保险、人文、经济、社会等行业以及干旱灾害风险评估管理等方面的业务、科研、教学人员参考。

图书在版编目(CIP)数据

　　气象干旱年鉴. 2014 / 中国气象局兰州干旱气象研究所编著. — 北京：气象出版社，2018.12
　　ISBN 978-7-5029-6893-9

　　Ⅰ.①气…　Ⅱ.①中…　Ⅲ.①干燥气候-中国-2014-年鉴　Ⅳ.①P462.3-54

　　中国版本图书馆 CIP 数据核字(2018)第 277663 号

出版发行：气象出版社

地　　　址：北京市海淀区中关村南大街 46 号　　　　邮政编码：100081
电　　　话：010-68407112(总编室)　010-68408042(发行部)
网　　　址：http://www.qxcbs.com　　　　　　　E-mail：qxcbs@cma.gov.cn
责任编辑：张　斌　　　　　　　　　　　　　终　　审：吴晓鹏
责任校对：王丽梅　　　　　　　　　　　　　责任技编：赵相宁
封面设计：王　伟
印　　　刷：北京中科印刷有限公司
开　　　本：889 mm×1194 mm　1/16　　　　印　　张：12.25
字　　　数：348 千字
版　　　次：2018 年 12 月第 1 版　　　　　　印　　次：2018 年 12 月第 1 次印刷
定　　　价：120.00 元

《气象干旱年鉴(2014)》
编撰组

科学顾问：丁一汇

组　　　长：李耀辉

副　组　长：王润元　张铁军　董安祥

成　　　员（以姓氏拼音字母为序）：

胡　蝶	蒋丽萍	李忆平	柳媛普	聂　鑫
沙　莎	王鹤龄	王丽娟	王闪闪	王素萍
王　莺	王毅荣	王芝兰	姚小英	姚玉璧
赵　鸿	张　凯	张　宇		

序　言

　　干旱可表述为降水的短缺或者当水的供应不能满足对水的需求时的状况,是水分收支或供求不平衡所形成的水分短缺现象。根据世界气象组织(WMO)的分类,干旱分为气象干旱、农业干旱、水文干旱和社会经济干旱,气象干旱是指由气象因素直接引起的水资源短缺,是其他干旱的基础与重要原因;气象干旱的影响和造成的灾害常常通过农业、水文及社会经济干旱反映出来。我国是世界上干旱灾害最严重的国家之一,尤其是我国北方与西南地区,在全球气候变暖背景下,干旱在我国发生的频率和强度总体上呈上升趋势,所引发的水资源匮乏、粮食安全、生态恶化等已经成为社会经济发展中值得关注的重要问题。我国每年都会发生气象干旱,损失十分严重,因此,深入认识和及时了解气象干旱发生、发展的新特征及其对农业、水资源和社会经济等方面的影响,对于增强我国干旱的防灾减灾能力,减少经济和社会风险具有重要意义。

　　中国气象局兰州干旱气象研究所作为气象部门从事干旱及其相关领域科学研究和技术研发的国家级专业研究所,在总结相关研究成果的基础上,收集整理了气象、农业、民政、水利、国土资源以及统计等部门的大量信息材料并加以分析,编写出版了《气象干旱年鉴》。年鉴的内容丰富,涉及干旱评估、气象干旱特征与影响、年度重大干旱事件、全球气象干旱、气象干旱科技动态以及抗旱减灾气象服务等方面的信息与材料,是一部既有科学性,又有实用性的工具书。它将为我国干旱的防灾减灾活动和治理提供重要参考,同时也填补和丰富了我国气象灾害年鉴中有关干旱灾害的内容。

　　本年鉴从2014年开始编撰,即《气象干旱年鉴(2015)》。我建议该年

鉴从 2001 年续补,形成一套新世纪以来比较完整、客观准确、内容权威的气象干旱方面有重要价值的参考资料,为我国防旱减灾和干旱的风险管理提供关键信息和重要支撑服务。

丁一汇

2017 年 5 月 10 日

前　言

　　干旱不仅是地球科学领域研究的焦点科学问题之一,也是世界各国政府和社会公众关注的重大热点问题。干旱气候变化引起的沙漠化和生态退化及其对自然环境和人类社会产生的重大影响已引起国际社会的高度重视。我国是一个干旱频发的国家,增强干旱防灾、减灾能力是我国经济社会可持续发展的重要任务。为此,中国气象局兰州干旱气象研究所以气象学理论为指导,围绕干旱特征、成因、影响及防旱措施等,对中国气象干旱灾害进行了系统的整理、分析与研究,每年出版《气象干旱年鉴》。

　　本年鉴是中国气象局兰州干旱气象研究所编撰的气象干旱资料性、学术性图书,主要记述上一年度全国气象干旱的监测、评估、成因、业务服务、科研动态的基本情况与进展,以及全球气象干旱概况与特点。此外,还回顾了中国与全球历史重大旱灾事件,做到居安思危,警钟长鸣。它具有综合性和资料翔实的工具书特征,参考价值明显。

　　《气象干旱年鉴(2014)》是对2013年气象干旱的全面记录和综述,共分八章。第1章描述全国气候特点与气象干旱的时、空分布特征,由王劲松、张宇、王素萍、柳媛普撰写;第2章分析区域干旱事件的特征与成因,由张宇、王丽娟撰写;第3章分析四季气象干旱特征,由李忆平撰写;第4章记述干旱的影响,由姚玉璧撰写;第5章介绍抗旱减灾重大气象服务情况,由张凯撰写;第6章阐明2013年全球气象干旱特征和全球重大气象干旱事件及其成因,由王闪闪撰写;第7章回顾全球与全国历史重大区域干旱事件,由董安祥撰写;第8章评述美国干旱研究与业务的概况,由王芝兰撰写;附录部分由沙莎、王素萍、刘丽伟、王毅荣、董安祥完成。

　　本年鉴由李耀辉总策划和组织实施并负责全书的审稿定稿,王润元、

张铁军负责协调管理,董安祥参与具体实施,蔡迪花、董安祥、姚小英参与全书审定。年鉴是公益性行业(气象)科研重大专项"干旱气象科学研究—我国北方干旱致灾过程及机理(GYHY201306001)"的重要研究内容之一,也得到了中国气象局兰州干旱气象研究所基本科研业务费项目的资助。年鉴编撰过程中还得到西北区域气候中心、国家气候中心、国家气象信息中心等单位的大力支持和帮助,特表谢意!

这是继《气象干旱年鉴(2015)》之后的第三本年鉴,以后将每年出版,并从 2001 年起陆续补齐。由于编撰仓促,虽经再三校核,错漏之处在所难免,敬请不吝指正,深表感谢!

《气象干旱年鉴》编撰组

2018 年 7 月

编写说明

一、资料来源

本年鉴基本气象资料、气象干旱综合指数（MCI）和灾情数据来自中国气象局国家气候中心、国家气象信息中心等单位，以及民政部、水利部、农业部、国土资源部、国家统计局等有关部门的信息材料。

用于计算植被状态指数（VCI）的遥感数据来自 MODIS 产品数据 MOD09GA，时间分辨率为日，空间分辨率为 500 米。该数据集来源于网站 https://ladsweb.nascom.nasa.gov/search/。

二、数据处理

1. 气象干旱综合指数

本年鉴采用气象干旱综合指数（MCI）来评估干旱，它是综合考虑前期不同时段降水和蒸散对当前干旱的影响而构建的一种干旱指数。干旱是由于降水长期亏缺和近期亏缺综合效应累加的结果，气象干旱综合指数考虑了 60 天内有效降水（权重累积降水）、30 天内蒸散（相对湿润度）以及季度尺度（90 天）降水和近半年尺度（150 天）降水的综合影响。该指数考虑业务服务的需求，增加了季节调节系数。该指数适用于作物生长季逐日气象干旱的监测和评估。

（1）气象干旱综合指数等级

依据气象干旱综合指数划分的气象干旱等级见表1。

表 1 气象干旱综合指数等级的划分表

等级	类型	MCI	干旱影响程度
1	无旱	$-0.5 < MCI$	地表湿润，作物水分供应充足；地表水资源充足，能满足人们生产、生活需要
2	轻旱	$-1.0 < MCI \leqslant -0.5$	地表空气干燥，土壤出现水分轻度不足，作物轻微缺水，叶色不正；水资源出现短缺，但对生产、生活影响不大
3	中旱	$-1.5 < MCI \leqslant -1.0$	土壤表面干燥，土壤出现水分不足，作物叶片出现萎蔫现象；水资源短缺，对生产、生活造成影响
4	重旱	$-2.0 < MCI \leqslant -1.5$	土壤水分持续严重不足，出现干土层（1～10 厘米），作物出现枯死现象；河流出现断流，水资源严重不足，对生产、生活造成较重影响
5	特旱	$MCI \leqslant -2.0$	土壤水分持续严重不足，出现较厚干土层（大于 10 厘米），作物出现大面积枯死；多条河流出现断流，水资源严重不足，对生产、生活造成严重影响

（2）气象干旱综合指数计算方法

气象干旱综合指数（MCI）的计算公式如下：

$$MCI = K_a \times (a \times SPIW_{60} + b \times MI_{30} + c \times SPI_{90} + d \times SPI_{150}) \tag{1}$$

式中，MI_{30} 为近 30 天相对湿润度指数；SPI_{90} 为近 90 天标准化降水指数；SPI_{150} 为近 150 天标准化降水指数；$SPIW_{60}$ 为近 60 天标准化权重降水指数；a 为 $SPIW_{60}$ 项的权重系数，北方及西部地区取 0.3，南方地区取 0.5；b 为 MI_{30} 项的权重系数，北方及西部地区取 0.5，南方地区取 0.6；c 为 SPI_{90} 项的权重系数，北方及西部地区取 0.3，南方地区取 0.2；d 为 SPI_{150} 项的权重系数，北方及西部地区取 0.2，南方地区取 0.1；K_a 为季节调节系数，根据不同季节各地主要农作物生长发育阶段对土壤水分的敏感程度确定。北方及西部地区指我国西北、东北、华北和西南地区，南方地区指我国华南、华中、华东地区等。

2. 遥感监测指标

根据中华人民共和国水利部发布的《水旱灾害遥感监测评估技术规范（征求意见稿）》，本年鉴采用的监测指标为植被状态指数（VCI）。植被状态指数由 F. N. Kogan 于 1990 年提出，基于植被覆盖指数（NDVI）构建，用以反映植被状态程度：

$$VCI_j = 100 \times \frac{(NDVI_j - NDVI_{min})}{(NDVI_{max} - NDVI_{min})} \tag{2}$$

式中，VCI_j 为 j 时的植被状态指数（%），以像元为计算单元，值域范围是 0～100，0 表示植被条件最差，100 表示植被条件最佳；$NDVI_j$ 为 j 时的 NDVI 值，时段可设定为旬、月等；$NDVI_{max}$ 为多年同期影像中 NDVI 的最大值；$NDVI_{min}$ 为多年同期影像中 NDVI 的最小值。

植被状态指数表达了与多年历史同期相比植被长势的好坏，间接地指示了土壤水分状态。VCI 值越大，说明植被与历史同期相比长势越好，水分充足；相反地，VCI 值越小，与历史同期相比植被长势差，说明植被受旱。

植被状态指数适合大尺度或区域级的中高植被覆盖区的干旱状况监测，其最大、最小 NDVI 宜采用历史多年同期、长时间植被指数序列确定。

植被指数旱情等级划分如表 2 所示。

表 2　植被指数旱情等级划分表

等级	干旱类型	VCI 范围（%）
1	无旱	$40 < VCI \leqslant 100$
2	轻旱	$30 < VCI \leqslant 40$
3	中旱	$20 < VCI \leqslant 30$
4	重旱	$10 < VCI \leqslant 20$
5	特旱	$0 < VCI \leqslant 10$

目　录

第1章　气象干旱评估

　　2013 年,全国平均降水量较常年偏多,且时、空分布不均匀,全国平均气温较常年偏高。气象灾害种类多,局地灾情重。西南地区出现冬春连旱;登陆台风多、强度强;南、北方均出现局地强暴雨;盛夏南方高温热浪强。

　　2013 年,我国总体干旱偏轻,但区域性和阶段性干旱明显,局部地区气象干旱灾害较为严重。西南地区出现冬春连旱,西北东部、华北北部出现春旱,江南和贵州等地遭遇伏旱。

　　总体而言,2013 年我国气象灾害属正常,干旱偏轻。

1.1　气候特征

1.1.1　降水

　　2013 年全国平均降水量 653.5 毫米,比常年偏多 4%,较 2012 年略少(偏少 2.4%)。图 1.1 为 2013 年全国年降水量及其距平百分率分布。从年降水量分布来看,除北疆和南疆的部分地区外,全国降水量呈现出明显的由东南向西北减少的态势。从降水距平百分率分布来看,降水偏多或偏少

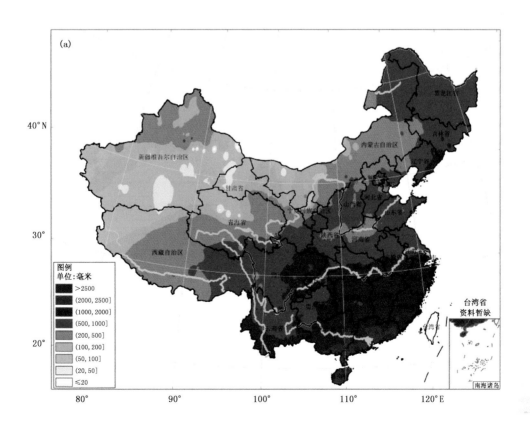

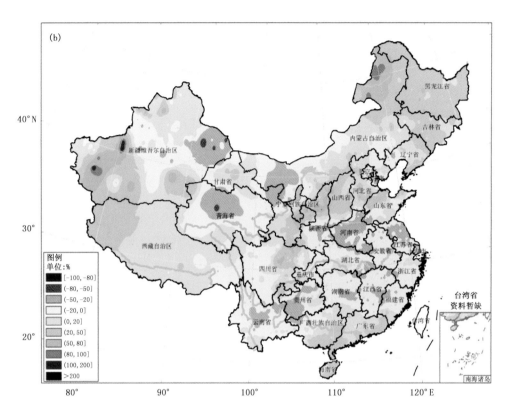

图 1.1　2013 年全国年降水量(a)及降水距平百分率(b)的空间分布

Fig. 1.1　Spatial distribution of precipitation (a，unit：mm) and its anomaly percentage (b，unit：%) in China in 2013

的空间分布并没有规律性，也无明显的南北差异，与常年同期相比，全国大部分地区降水偏多。内蒙古东部呼伦贝尔地区和新疆西部部分地区是降水偏多最明显的区域，偏多 1 倍以上，西北地区东部除陕西以南地区，也是降水偏多较明显的区域，偏多 50%～80%；新疆东部、内蒙古西部、青海北部、云南中部、贵州西部、江南地区的个别区域及黄淮大部分地区偏少 50%～80%；全国其余大部分地区降水量接近常年。

　　春季，全国平均降水量 155.6 毫米，较常年同期(143.7 毫米)偏多 8.3%。华北大部、内蒙古西部和中部、甘肃西北部等地降水较常年同期偏少 2～8 成，局部偏少 8 成以上；全国其余大部分地区春季降水量接近常年同期或偏多，新疆西南部和中部、青海南部、内蒙古东北部等地偏多 5 成至 1 倍，局部 1 倍以上。夏季，全国平均降水量 339.9 毫米，较常年同期偏多 4.5%，较 2012 年同期偏多 2%。降水总体上呈现出北方多雨、南方少雨的空间分布，西北西部和东部、华北大部、东北大部、内蒙古东北部等地降水偏多 20%～100%，局部地区偏多 1 倍以上；黄淮南部、江淮东部、江南中部和西部、贵州和重庆等地偏少 20%～50%，局部地区偏少 50%～80%。秋季，东北大部、内蒙古东北部、西北东北部、江南东北部和西北部、华南西部、四川盆地东南部等地降水量偏多 3 成至 1 倍，全国其余大部分地区降水量偏少。西北中西部、内蒙古大部、华北、黄淮大部、江南中部等地多晴好天气，雨日不足 20 天，全国其余大部分地区雨日在 20～40 天，西南东部、海南达 40～66 天。

1.1.2　气温

　　2013 年，全国年平均气温 10.2℃，较常年(9.6℃)偏高 0.6℃，比 2012 年偏高 0.8℃，为 1961 年以来第四暖年。冬季前期(2012 年 12 月 1 日至 2013 年 1 月 12 日)，全国平均气温为近 27 年来历史同期最低，后期全国平均气温总体转为偏暖。春季，全国平均气温 11.4℃，较常年同期偏高 1.0℃，为 1961 年以来历史同期第二高值，仅低于 2008 年春季。夏季，全国平均气温 21.7℃，较常年同期偏高 0.8℃，与 2006 年和 2010 年并列为 1961 年以来的最高值。秋季，全国平均气温 10.5℃，较常年同期偏高 0.6℃。2013 年，全国共有 118 站日最低气温达到极端事件标准，极端低温站次比（达到极端事件标准的站·次数占监测总站数的比例）为 0.08，较常年（0.11）偏低，和 2012 年（0.08）持平；共有 230 站日降温幅度达到极端事件标准，25 站突破当地历史极值。

图 1.2 为 2013 年全国年平均气温及其距平分布，从年平均气温来看，除青海部分区域、新疆个别地区和内蒙古东部偏北地区的年平均气温为负值外，全国其余地区年平均气温为正值；除南疆盆地、西藏中东部和青海外，我国东部地区的气温遵循由南向北递减的分布形态。从气温距平分布来看，全国大部分地区气温偏高 0.5℃ 以上，新疆西部和北部、西北东部、内蒙古西部、四川盆地、贵州北部和湖南东部偏高 1～2℃；气温偏低的区域在内蒙古东部、东北地区、华北东部、华南中部和南部以及西藏南部，内蒙古东部偏西区域、东北地区偏西区域气温偏低 0.5～1℃。

综合来看，年平均气温为负值的区域并不都是气温偏低的区域，如青海偏南地区、内蒙古东部偏北区域，尽管这些区域年平均气温为负值，但其气温较常年仍然偏高，且偏高明显，表明较冷地区的温度也可出现明显上升现象；而东北地区，虽然年平均气温为正值，但其气温较常年偏低，表明 2013 年东北地区偏冷。

总体而言，内蒙古东部、东北地区和西藏南部气温偏低，全国其余大部分地区气温偏高，新疆大部、西北东部、内蒙古西部、四川盆地、贵州北部和湖南东部气温明显偏高。

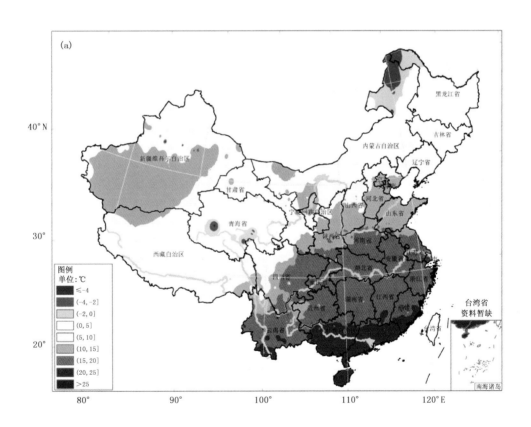

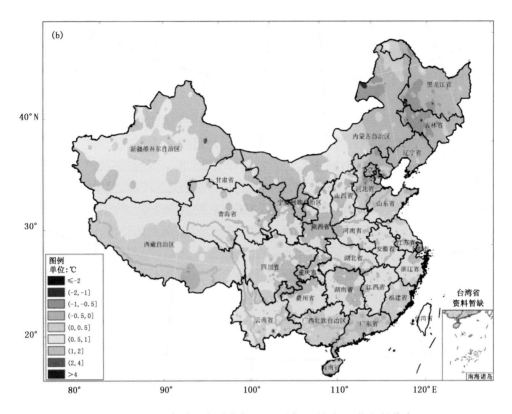

图 1.2 2013 年全国年平均气温(a)及气温距平(b)的空间分布

Fig. 1.2 Spatial distribution of average temperature (a, unit:℃)

and its anomaly (b, unit:℃) in China in 2013

1.2 主要气象灾害

2013 年,全国因气象灾害造成的直接经济损失超过 1990—2012 年平均水平,但因灾死亡人数和农作物受灾面积均明显少于 1990—2012 年平均水平。综合来看,2013 年为气象灾害正常年份。

1.2.1 干旱

2013 年,我国农作物因干旱受灾 1410 万公顷,绝收 141.6 万公顷;受灾面积较 1990—2012 年平均值明显偏小,但区域性和阶段性干旱明显,局部地区气象干旱灾害较为严重。西南出现冬春连旱,西北东部、华北北部出现春旱,江南和贵州等地遭遇伏旱。湖南、贵州、安徽和湖北 4 省受旱灾影响最严重,因旱绝收面积占全国因旱绝收面积的 65.2%。2013 年,全国因旱造成 16115.8 万人次受灾,因旱饮水困难 3046.8 万人次,直接经济损失 905.3 亿元。1—3 月,云南北部、贵州西部、四川南部等地降水明显偏少,有中到重度气象干旱持续,库塘蓄水下降,农业和人畜饮水受到严重影响;2013 年是云南省自 2009 年以来连续出现春旱的第 5 个年份,云南九大高原湖泊之一的异龙湖西部彻底干涸;7 月初至 8 月中旬南方地区出现高温干旱;江西年降水量为 1359 毫米,较常年同期偏少 16%,持续少雨造成鄱阳湖水域面积明显缩小,11 月 4 日鄱阳湖水域面积仅为 1375 平方千米,较历史同期偏小 32%,是近 10 年同期最小值。

1.2.2 暴雨洪涝

2013 年汛期(5—9 月),全国共出现 33 次暴雨天气过程,主要出现在 6—8 月(27 次)。7 月上中旬,四川盆地、西北和华北地区洪涝灾害严重。2013年全国因暴雨洪涝及其引发的滑坡、泥石流灾害共造成农作物受灾面积875.7万公顷,因灾死亡(含失踪)1411人,直接经济损失1883.8亿元。与1990—2012年平均值相比,受灾面积和死亡人数较少,直接经济损失较大。总体上,2013年属暴雨洪涝灾害偏轻年份。

1.2.3 台风

2013年,西北太平洋和中国南海上共有31个台风(中心附近最大风力≥8级)生成,生成个数较常年(25.5)偏多5.5个;影响较大的台风有"尤特""天兔"和"菲特";受灾较重的地区在华南沿海,位置总体偏南。2013年,影响中国的台风共造成242人死亡或失踪,直接经济损失1260.3亿元。与1990—2012年平均值相比,台风造成的死亡人数偏少,但较2012年偏多;直接经济损失偏大,且为1990年以来最大值。总体上,2013年属台风灾害损失较重年。

1.2.4 冰雹与龙卷风

2013年,全国共有31个省(区、市)2020个县(市)次发生冰雹灾害,降雹次数比2001—2010年平均(1378个县次)明显偏多。全国45个县(市)次出现龙卷风,龙卷风出现次数较2001—2010年平均(74个县次)偏少。受强对流天气影响,全年因风雹灾害造成的农作物受灾面积338.7万公顷,252人死亡,直接经济损失456.2亿元。总体上,2013年属风雹灾害影响偏轻年。

1.2.5 低温冷冻害和雪灾

2013年,全国因低温冷冻灾害和雪灾造成的农作物受灾面积达232万公顷,绝收18.1万公顷,均为2000年以来次低值;2324.9万人次受灾,20人死亡;倒损房屋1.9万间,为2000年以来最低值;直接经济损失260.4亿元。总体而言,2013年为低温冷冻害和雪灾偏轻年。年内我国主要低温冷冻害和雪灾事件有:年初南方部分地区遭受低温雨雪冰冻灾害、西藏普兰降雪量突破历史记录;1月北方部分地区遭受雪灾;2月江苏、安徽等省雪灾损失超亿元;4月河北、山西春雪创下历史新纪录;11月东北地区出现入冬后最强降雪;12月中下旬,西南部分地区遭受低温雨雪霜冻灾害。

1.2.6 高温

2013年,全国平均高温(日最高气温≥35℃)日数11天,比常年(8天)偏多3天,为1961年以来最大值;高温范围接近常年,但6—8月南方地区高温日数、最长持续时间、40℃以上高温范围均突破1961年以来历史最高纪录。长时间持续高温加剧了南方部分地区的伏旱,水稻、玉米、棉花等农作物生长受到影响;用电量增大,电力供应受到影响;人体健康受到影响,患病人数增多;森林火险气象等级偏高,湖南等地森林火灾多发。

1.2.7 沙尘天气

2013年,我国共出现10次沙尘天气过程,6次出现在春季(3—5月),春季沙尘天气过程比常年同期(17次)偏少11次,仅出现1次沙尘暴过程和1次强沙尘暴过程。2013年首次沙尘天气发生时间为2月24日,比2000—2012年平均(2月10日)偏晚近15天,但较2012年(3月20日)偏早近30天。3月8—11日的沙尘暴天气过程是2013年内影响范围最广、损失最重的一次,期间,西北大部、华北、黄淮北部和西部以及辽宁西部等地出现扬沙或浮尘天气,内蒙古中西部、甘肃西部和陇东地区、陕西北部等地部分地区出现沙尘暴,新疆和宁夏局部地区出现强沙尘暴。总体而言,2013年沙尘天气对我国的影响较轻。

1.2.8 雾和霾

2013年,我国雾主要分布在华北东南部、黄淮大部、江淮大部、江南大部、四川盆地及福建大部,雾日数一般有10～30天,江苏、安徽、福建和湖南4省为雾日数较多的省份,局部地区雾日超过30

天;霾主要分布在华北及其以南地区以及西南东部等地,霾日数一般在 10 天以上,江苏、北京、河南和天津 4 省(市)为霾日数较多的省(市),霾日数有 50～100 天,部分地区超过 100 天。雾霾天气对交通运输、人体健康产生较大影响。

1.3 气象干旱的时空分布特征

1.3.1 全国干旱概况

2013 年,我国西南、西北中东部、内蒙古中西部、东北、华北、江淮、黄淮、江汉、江南以及华南北部等地存在不同程度的干旱(图 1.3)。冬季干旱使云南、四川两省 513.9 万人受灾,59.6 万人需生活救助,58.4 万头大牲畜饮水困难,农作物受灾 47.4 万公顷,绝收 6.6 万公顷,直接经济损失达 20.5 亿元。昆明市有 13 条河流断流、11 座水库干涸,库塘蓄水量仅近 9 亿立方米,较常年同期偏少 40%,"七库一站"蓄水量较常年同期偏少 65%。春季,西南地区持续冬季以来的旱情,大部分地区存在中度以上气象干旱;3 月下旬起,主要旱区位置随时间自南向北再向东转移,长江以北的西北中东部、内蒙古中西部、华北、黄淮、江淮以及江汉区域相继出现轻到中度旱情,局地重到特旱;入夏以后,主要旱区转移至长江以南区域,西南东部、江南、华南北部等地出现历史上罕见的高温干旱事件;秋季,东部的黄淮、江淮、江汉、江南以及西北东部等地存在一定程度的干旱。总体来说,2013 年我国主要存在 4 大干旱事件,分别是西南地区的冬春连旱、长江以北区域的春旱、长江以南区域的夏旱以及东部地区的秋旱。

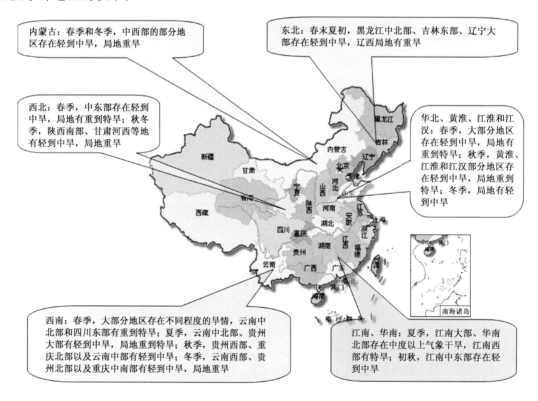

图 1.3　2013 年全国干旱分布

Fig. 1.3　Distribution of drought situations in China in 2013

2012/2013 年冬季到 2013 年春季,西南大部分地区发生了不同程度的气象干旱,云南和四川东部旱情尤为严重。如图 1.4 所示,2013 年初春,西南旱情发展至最严重程度,3 月下旬起,旱情开始缓解,春末,西南旱情基本解除。旱情给旱区农业、人畜饮水、河流和库塘来水量等带来一定影响。据西南各省(市)民政部门统计,截至 4 月上旬,旱情造成西南 3 省 1 市共 277 县(区、市)2938.7 万人受灾,725.9 万人饮水困难,434.8 万人需生活救助,饮水困难的大牲畜 329.4 万头(只),农作物受灾 253.49 万公顷,绝收 28.42 万公顷,直接经济损失 117.9 亿元。

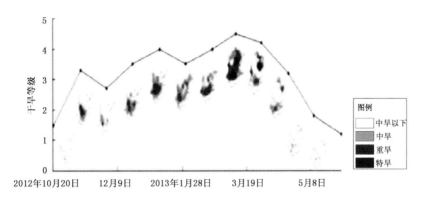

图 1.4 2012/2013 年冬春季西南地区旱情演变

Fig. 1.4 Evolution of drought situations in China from winter and spring of 2012/2013

2013 年春季,长江以北的西北中东部、内蒙古中西部、华北、黄淮、江淮以及江汉区域存在不同程度的干旱。3 月上旬,西北东部、内蒙古西部、华北西部、黄淮西部以及江汉北部有轻到中旱,局地有重旱;3 月中旬起,旱情发展,中到重旱范围不断扩大;3 月下旬,西北东部、内蒙古西部、华北西部以及黄淮西部等地均存在中度以上气象干旱,陕西中部有特旱;4 月上中旬,旱情继续发展,西北中部出现中度以上干旱,华北、黄淮、江淮以及江汉旱区范围也有所扩大;4 月下旬,西北东部旱情有所缓解,西北中部和内蒙古西部旱情持续发展;5 月上旬后,西北中东部和内蒙古西部旱情明显缓解,华北、黄淮区域旱情持续;春末,华北南部、黄淮区域干旱解除,华北北部、内蒙古中部以及辽宁西部等地有中度以上干旱;6 月上旬,华北和内蒙古区域的干旱基本解除,辽宁西部仍维持中到重旱。

据旱区各省(区)民政部门统计,截至 4 月上旬,长江以北区域的干旱共造成甘肃、陕西、宁夏、山西、河南以及湖北 6 省(区)228 县(区)1683.2 万人受灾,194.2 万人饮水困难,197.9 万人需生活救助,饮水困难的大牲畜 82.73 万头(只),农作物受灾 205.26 万公顷,直接经济损失 40.92 亿元。

入夏以后,我国长江以南区域出现了范围广、持续时间长、影响严重的高温干旱。6 月中旬后期,干旱初见端倪,贵州西南部和东北部、湖南和江西中北部的部分区域出现轻到中旱;7 月中旬起,干旱开始发展;8 月第 3 候干旱发展至最严重程度,江南大部分地区存在中度以上气象干旱,贵州中东部、湖南大部分地区以及江西北部的部分地区存在特旱,第 4 候起,干旱开始缓解;夏末,贵州大部分地区、重庆大部分地区、湖南中北部、江西东北部以及福建西北部等地存在轻到中旱,其余区域无旱情。

长江以南区域出现的夏旱给旱区农业、人畜饮水等带来一定影响。据旱区各省(市)民政厅报告,截至 8 月上旬,干旱较为严重的湖南、湖北、江西、浙江以及贵州、重庆 5 省 1 市共有 477 县(区、市)5696 万人受灾,1233.1 万人饮水困难,925.4 万人需生活救助,饮水困难的大牲畜 390 万头(只),农作物受灾 581.2 万公顷,绝收 89.0 万公顷,直接经济损失 366.4 亿元。

秋季,黄淮、江淮、江汉、江南以及西北东南部的部分区域存在中到重旱,局地有特旱。黄淮、江淮、江汉局地夏季有轻到中旱,进入秋季,黄淮西北部、江淮东部仍维持轻到中旱,局地重旱,江南西部自 6 月中下旬出现的干旱 9 月基本解除,中部和东部部分区域的旱情 9 月仍在持续;10 月,旱情发展,黄淮大部分地区存在中到重度气象干旱,西北部有特旱,旱区范围一度向西向南延伸至陕西南部、重庆北部以及江淮西部一带,与江南旱区连成一片,形成一个大的旱区;11月,干旱开始缓解,江南和黄淮区域的干旱11月上旬后解除,西北东南部区域的干旱11月月末基本解除。

9月底以后,黄淮西部的干旱使河南洛阳市栾川县、新乡市卫辉市2.6万人和1.1万头(只)大牲畜饮水困难;同时,持续干旱少雨也导致鄱阳湖水域面积缩小,10月22日鄱阳湖主体及附近水域面积仅为1497平方千米,较历史同期偏小25%,为近10年来同期卫星遥感监测的最小水面,湖口水位仅有9.1米,为近10年最低水位;陕西东南部的干旱造成商洛市53万人受灾,农作物受灾2.62万公顷,成灾1.11万公顷,绝收200公顷,直接经济损失4570万元。

2013年我国干旱影响范围较常年偏小,农作物因旱受灾1410.0万公顷,较常年偏少1032.4万公顷(图1.5),受灾面积较大或干旱较重的省份有湖南、贵州、安徽、湖北、云南、河南、江西、浙江、山西、四川等。

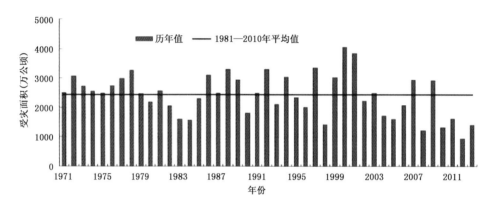

图1.5　1971—2013年全国干旱受灾面积变化图

Fig.1.5　Change of drought disaster-affecting area from 1971—2013 in China (unit:$10^4 hm^2$)

1.3.2　不同级别干旱概况

根据逐日MCI指数得到各等级旱日发生频率的空间分布(图1.6)。具体来看,轻旱发生频率全国平均为13.4%,西北东南部、华北东部、黄淮、江淮、江汉北部以及西南局地轻旱发生频率在20%以上,是轻旱发生的高频区,尤其是华北东南部和黄淮东北部,轻旱发生频率在25%以上,黄淮东北部局地甚至超过30%,全国其余大部分地区轻旱发生频率在10%~20%(图1.6a)。中旱发生频率全国平均为7.5%,西北东部、华北西南部、黄淮大部分地区、西南大部分地区以及江淮东部和江南中部等地中旱发生频率在10%以上,尤其是黄淮西北部和西南东部的部分区域,中旱发生频率为20%~30%,全国其余大部分地区中旱发生频率在5%左右(图1.6b)。重旱发生频率全国平均为2.6%,西南大部分地区、西北东南部以及黄淮西北部等地重旱发生频率较高,在5%以上,云南西北部、贵州西部等地重旱发生频率为15%~20%,全国其余大部分地区重旱发生频率在2%左右(图1.6c)。特旱发生频率全国平均为0.9%,范围很小,频率较低,高频区域主要位于云南中北部、贵州西北部以及四川东南部的部分地区,重旱发生频率为5%~10%,云南中北部局地高于10%(图1.6d)。

总体来看,2013年我国干旱较轻,以轻到中旱为主,华北大部分地区、黄淮、西北东部以及西南大部分地区是各等级干旱发生的高频区域,全国其余大部分地区干旱出现频率较低。

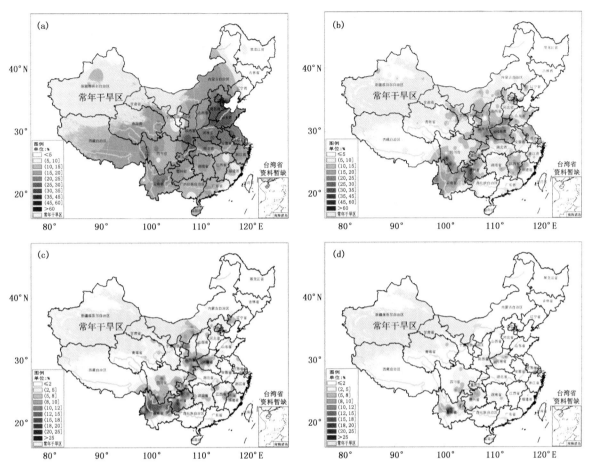

图 1.6　2013 年全国各等级旱日发生频率分布(单位:%)
(a)轻旱;(b)中旱;(c)重旱;(d)特旱

Fig. 1.6　Frequency of drought day with different grades in China in 2013 (unit:%)
(a)light drought;(b)moderate drought;(c)heavy drought;(d)extreme drought

1.4　中旱以上干旱日数分析

1.4.1　中旱以上干旱累积日数特征

2013 年各省(区、市)中旱累积日数分布(图 1.7)显示,全国有 28 省(区、市)出现中旱,中旱累积日数超过平均天数(40 天)的有 11 个省(区、市),河南省最多,达 114 天;超过 30 天的有 16 个省(市),主要集中在华北、西南地区;黑龙江、吉林、新疆在年末出现中旱。

2013 年各省(区、市)重旱累积日数分布(图 1.8)显示,全国有 20 省(区、市)出现重旱,重旱累积日数超过平均天数(11 天)的有 11 个省(市),云南省最多,达 68 天;超过 30 天的重旱有云南和河南两省,这与中旱超过 90 天的主要集中地区吻合。

2013 年各省(区、市)特旱累积日数分布(图 1.9)显示,全国有 12 省(市)出现特旱,云南省最为严重,特旱日数为 33 天。

结合各省(区、市)中旱、重旱、特旱累积日数特征可以看出,云南、河南、贵州、重庆、陕西 5 省(市)表现出旱情累积日数多、程度重的特征,四川、天津、上海、山西 4 省(市)则相对表现出旱情累积日数少但程度重的特征。

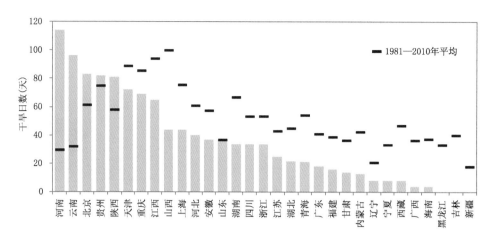

图 1.7　2013年各省(区、市)中旱累积日数

Fig. 1.7　Accumulative days of moderate drought in different province

(Autonomous Region，Municipality) of China in 2013（unit：d)

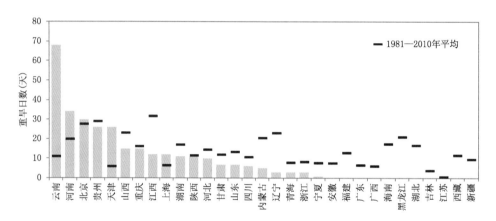

图 1.8　2013年各省(区、市)重旱累积日数

Fig. 1.8　Accumulative days of heavy drought in different province

(Autonomous Region，Municipality) of China in 2013（unit：d)

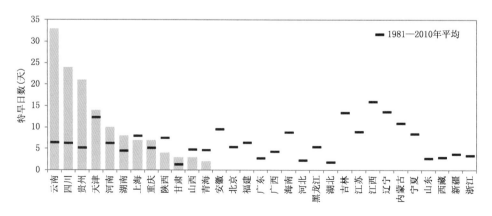

图 1.9　2013年各省(区、市)特旱累积日数

Fig. 1.9　Accumulative days of extreme drought in different province

(Autonomous Region，Municipality) of China in 2013（unit：d)

1.4.2　中旱以上旱情逐月分布特征

2013 年 1 月全国旱情空间分布(图 1.10)显示,西南地区为干旱较为集中区域,且程度最重,云南省整体为重旱,西藏、四川、陕西 3 省(区)以及重庆市其次,以中旱为主。整体来看,旱情发生区域较为集中,干旱程度由南向北有所减弱。

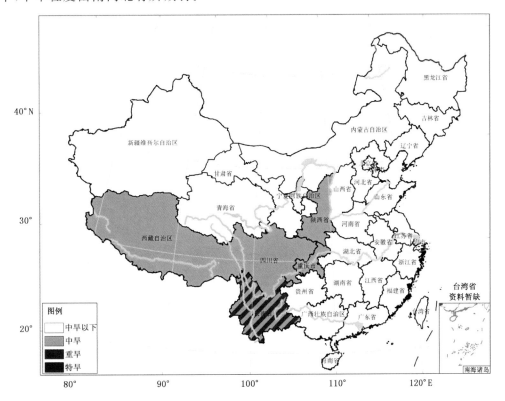

图 1.10　2013 年 1 月全国旱情空间分布

Fig. 1.10　Distribution of drought situation in China in January of 2013

2013 年 2 月全国旱情空间分布(图 1.11)显示,西南地区干旱持续,西北地区干旱有所转移。相比 1 月,西南地区干旱范围扩大、程度加重,中度干旱蔓延至贵州省,重庆市的旱情由中旱加重为重旱,云南省由重旱上升为特旱,且累积日数也有所增多;西北地区中旱区域由陕西省转移到宁夏回族自治区。相对来说,云南省 2 月旱情持续时间最长,程度最重,特旱天数达 19 天。整体来看,2 月旱情覆盖范围变化不大,但程度有所加重。

2013 年 3 月,旱情向北、向南扩展,西南地区仍为旱情集中区域,且程度最重,四川省有超过 20 天的特旱旱情出现;除宁夏回族自治区无旱外,西北地区其余 3 省均存在中度干旱,甘肃和陕西 2 省存在特旱;华南地区各省(区)均出现中度旱情。整体来看,较前 2 个月的干旱分布特征,3 月干旱整体范围扩大、程度有所加重,仍集中在西南地区,干旱覆盖区域整体向东扩展(图 1.12)。

2013 年 4 月,西北地区的干旱整体向北、向东扩展至华北和华东北部地区,西北地区成为干旱较为集中且程度最重的区域,青海和陕西 2 省出现特旱,甘肃省和宁夏回族自治区以重旱为主;除河北省和北京市无干旱外,华北地区其余省(市、区)均存在中度干旱,内蒙古自治区和河南省干旱最重,出现重旱;华东北部地区存在中度干旱;西南地区的干旱明显减轻,干旱范围缩小,程度减轻,持续时间缩短,仅重庆市和云南省存在干旱(图 1.13)。整体来看,干旱程度由西向东、由南向北减缓。

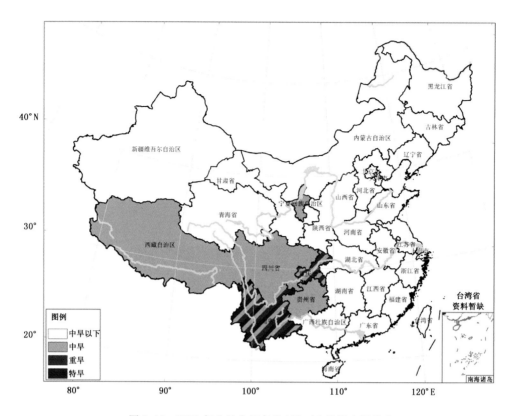

图 1.11　2013 年 2 月全国各省（区、市）旱情空间分布

Fig. 1.11　Distribution of drought situation in China in February of 2013

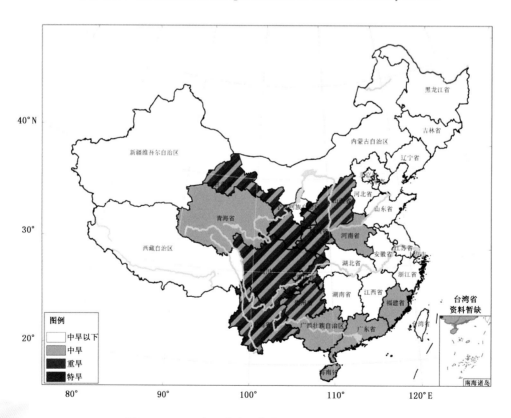

图 1.12　2013 年 3 月全国各省（区、市）旱情空间分布

Fig. 1.12　Distribution of drought situation in China in March of 2013

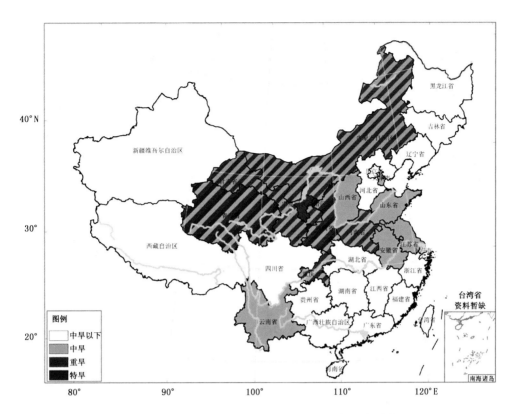

图 1.13　2013 年 4 月全国各省（区、市）旱情空间分布

Fig. 1.13　Distribution of drought situation in China in April of 2013

2013 年 5 月，干旱发生区域整体较前一月向东北方向移动，且区域性特征明显。干旱主要集中在华北地区，且旱情最重，山西省和天津市发生特旱，天津市特旱天数达到 14 天，河北省和北京市及内蒙古自治区存在重度干旱；华东地区北部的山东、江苏、安徽 3 省有中度干旱；西南地区干旱解除（图 1.14）。

2013 年 6 月，随着雨季的来临，全国大部分地区旱情解除，只有辽宁省和天津市持续干旱，但程度较之前有所减弱，降为重旱或中旱，海南省出现中度干旱。整体来看，干旱覆盖区域较小，程度较轻（图 1.15）。

2013 年 7 月，干旱区域发生明显变化，原有旱区只剩天津市还维持中度干旱，其余区域干旱已解除；长江以南区域出现干旱，且程度较重，贵州省干旱由中旱发展至特旱，中旱持续 12 天，重旱 14 天，湖南省由中旱发展至重旱；重庆市、河南省和浙江省以中旱为主，旱情持续时间较短，均未超过 10 天（图 1.16）。整体来看，旱情发生区域较为集中，位置整体较 6 月偏南。

2013 年 8 月，天津市干旱仍持续，长江中游地区干旱向东扩展至长江下游地区，华中地区成为干旱较为集中区域，且程度最重，贵州、湖南 2 省均出现 10 天以上的特旱；西北地区的青海省出现中度干旱（图 1.17）。整体来看，延续了 7 月的旱情并持续发展，范围扩大，程度加重，干旱发生区较为集中。

2013 年 9 月，天津市和长江中游地区的干旱基本解除，华东地区成为干旱集中区域，华中地区干旱程度最重，河南省有近 21 天的重旱（图 1.18）。整体来看，干旱得到缓解，发生区域较为集中，覆盖范围明显缩小。

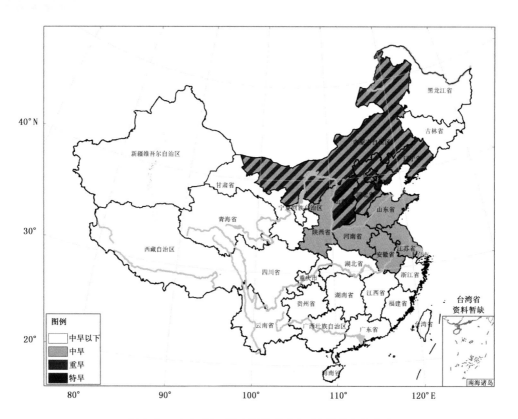

图 1.14 2013 年 5 月全国各省(区、市)旱情空间分布

Fig. 1.14 Distribution of drought situation in China in May of 2013

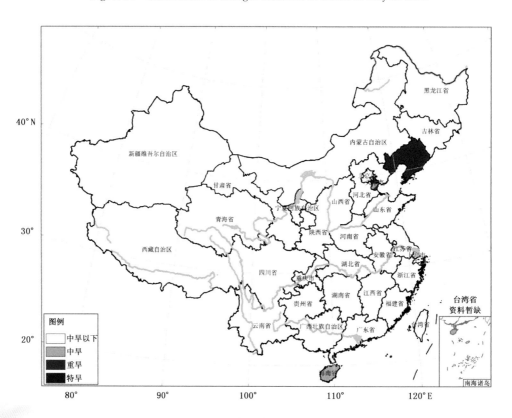

图 1.15 2013 年 6 月全国各省(区、市)旱情空间分布

Fig. 1.15 Distribution of drought situation in China in June of 2013

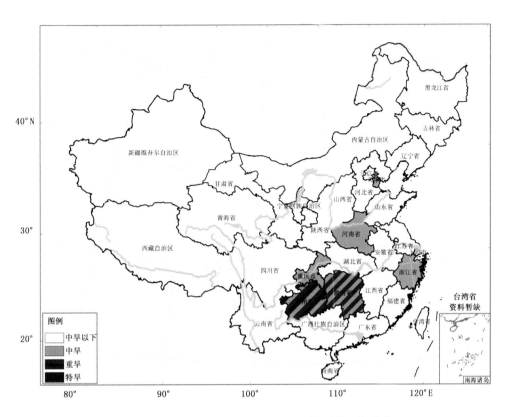

图 1.16　2013 年 7 月全国各省(区、市)旱情空间分布

Fig. 1.16　Distribution of drought situation in China in July of 2013

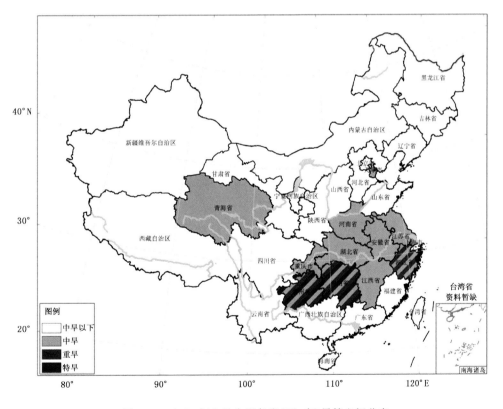

图 1.17　2013 年 8 月全国各省(区、市)旱情空间分布

Fig. 1.17　Distribution of drought situation in China in August of 2013

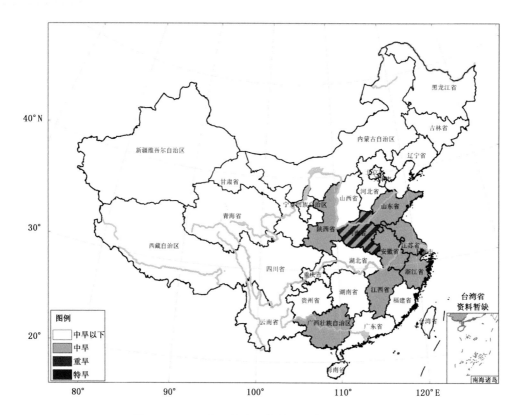

图 1.18　2013 年 9 月全国各省(区、市)旱情空间分布

Fig. 1.18　Distribution of drought situation in China in September of 2013

2013 年 10 月,长江下游地区干旱进一步向西扩展,华中地区成为干旱较为集中区域,整体以中旱为主,河南、山东、陕西、江西 4 省干旱有所加重,河南省干旱仍为最严重,出现特旱,且累积日数超过 10 天;天津市再次出现中度干旱(图 1.19)。整体来看,干旱覆盖区域增大,程度有所加重。

2013 年 11 月,长江以北区域干旱持续,程度有所减弱,范围缩小;长江以南区域干旱持续,范围明显缩小。整体来看,干旱发生区域分散,程度较弱(图 1.20)。

2013 年 12 月,干旱主要发生在沿长江一线,程度均为中旱;华北局部干旱区域集中,程度偏重。整体来看,干旱发生区域较分散,南北跨度较大(图 1.21)。

2013 年全国各省(区、市)干旱连续最长持续时间特征(图 1.22)显示,各省(区、市)中旱连续最长持续时间可达 74 天(河南省),重旱连续最长持续时间可达 73 天(云南省),特旱连续最长持续时间可达 37 天(云南省)。可见,干旱连续最长持续时间特征也反映出 2013 年干旱主要集中在华北、西南地区,特别是西南地区干旱影响较为严重,程度重、持续时间长。

2013 年各省(区、市)干旱主要出现季节分布特征(图 1.23)显示,各省(区、市)干旱在不同季节出现的区域相对较为集中,春季干旱较为集中出现在西北、西南及华北地区,夏季干旱较为集中出现在长江以南地区,秋季较为集中出现在华中、华东地区,冬季干旱较为集中出现在西南地区。

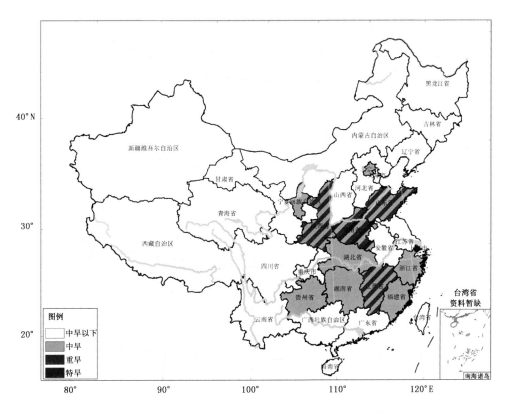

图 1.19　2013 年 10 月全国各省(区、市)旱情空间分布

Fig. 1. 19　Distribution of drought situation in China in October of 2013

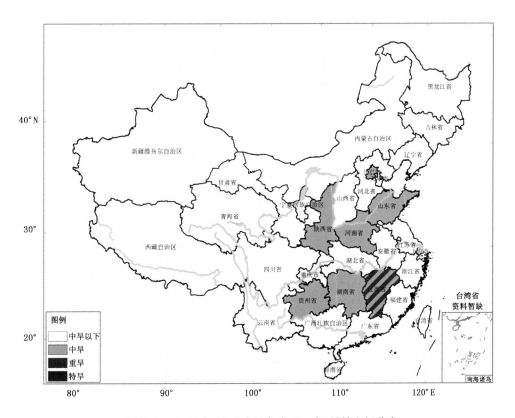

图 1.20　2013 年 11 月全国各省(区、市)旱情空间分布

Fig. 1. 20　Distribution of drought situation in China in November of 2013

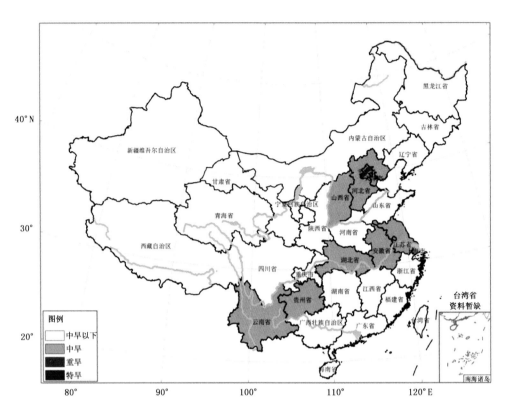

图 1.21 2013 年 12 月全国各省(区、市)旱情空间分布

Fig. 1.21 Distribution of drought situation in China in December of 2013

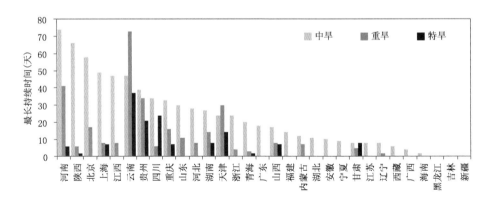

图 1.22 2013 年各省(区、市)旱情连续最长持续时间

Fig. 1.22 Distribution of the longest continuous days of drought in different Province of China in 2013

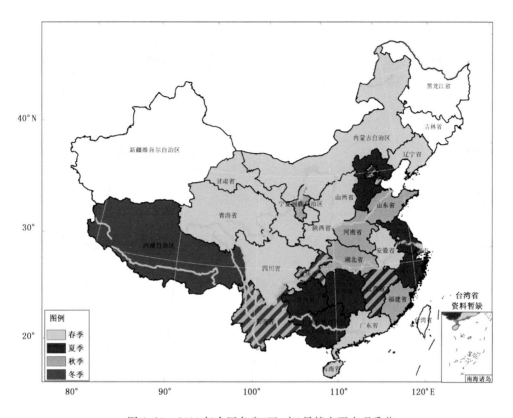

图 1.23　2013 年全国各省(区、市)旱情主要出现季节

Fig. 1.23　Main occurrence season of drought in different Province of China in 2013

第 2 章 区域干旱事件

2013 年,我国西南、西北中东部、内蒙古中西部、东北、华北、江淮、黄淮、江汉、江南以及华南北部等地存在不同程度的干旱。主要发生了 4 次干旱事件,分别是西南地区的秋冬春连旱、长江以北地区的春旱、长江以南地区的夏旱,以及东部的秋旱。

2.1 西南地区冬春连旱

2.1.1 干旱状况

2012 年冬季至 2013 年春季,我国西南大部分地区、西北中部和东部、内蒙古中部和西部、华北、黄淮、江淮、西藏东部以及东北的部分地区存在不同程度的干旱。主要形成 4 个明显的干旱区,分别是西南旱区、西北中部和东部旱区、内蒙古中部和西部旱区,以及华北、黄淮和江淮旱区。

2.1.2 遥感干旱监测

从全国遥感干旱监测(图 2.1)分析,西南地区在 2012 年冬季至 2013 年春季持续发生干旱。2012 年冬季西南地区已经出现干旱,12 月上旬,干旱主要集中在四川西北部地区,大部分地区处于中旱及以下;12 月中旬,旱情进一步发展,四川东部、重庆及贵州北部地区出现严重干旱,绝大部分地区达到特旱;至 12 月下旬,除四川西北部旱情仍然维持,西南其他地区旱情有所缓解。2013 年 1 月,四川西北部仍持续中旱及以下旱情,其他少部分地区出现了较为严重的干旱。2 月上旬,重庆大部地区发生重旱,且旱情迅速发展,至中旬,重庆、四川东部、贵州中东部地区都发生了严重干旱,旱情达到特旱;2 月下旬,旱情有所缓解,除重庆和贵州北部地区外,其他地区旱情得到缓解。3 月中旬开始,几乎整个西南地区又发生了春旱,大部分地区旱情维持在重旱及以下,旱情最为严重的四川西北部地区达到特旱;至 5 月上旬,西南地区的春旱发展到最为严重程度,整个地区的旱情达到特旱;5 月中旬,旱情开始缓解,除四川西北部和云南西北部外,其他地区有所缓解,旱情降到中旱及以下;至 5 月下旬,旱情进一步缓解,四川西北部地区旱情得到缓解,除云南省部分地区仍处于重旱外,西南其他地区的旱情都维持在中旱或轻旱。

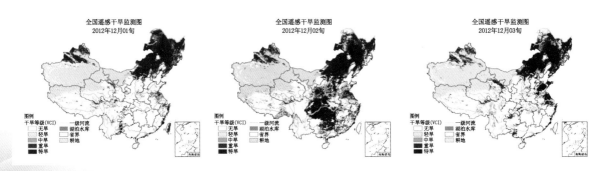

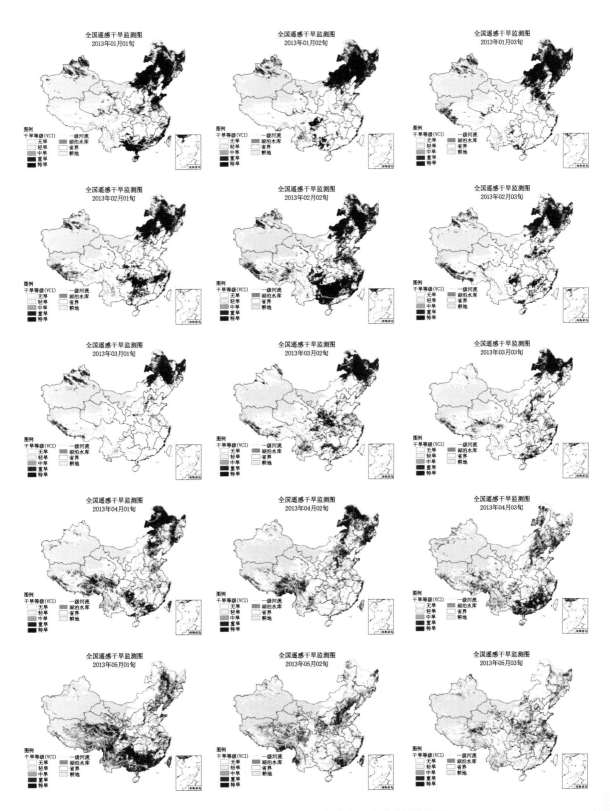

图 2.1　2012 年冬季至 2013 年春季全国遥感干旱监测图

Fig. 2.1　National remote sensing drought monitoring from Winter in 2012 to Spring in 2013

2.1.3 成因分析

由 2012 年冬季至 2013 年春季 500 百帕高度场及其距平(图 2.2)可以看到,中国北方大部分地区 500 百帕位势高度较常年平均明显偏低且较为平直,华北及东北大部分地区受东亚大槽槽后脊前西北气流控制;西南、华南地区以及孟加拉湾、中南半岛地区位势高度较常年平均偏高,不利于气旋性环流加强,使得西南水汽输送偏弱,不利于冷、暖空气在西南地区上空交汇;中国西部地区受高压脊控制,西南及南方地区环流较为平直,不利于降水。

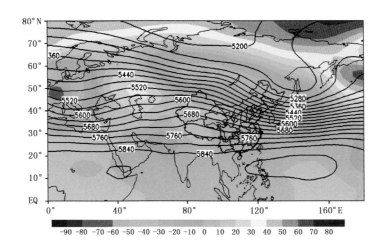

图 2.2 2012 年 12 月至 2013 年 5 月 500 百帕高度场(等值线)及其距平(填充色)(单位:位势米)

Fig. 2.2 The distributions of the geopotential height(black solid contours)and the height anomalies (color filled contours)at 500 hPa from December 2012 to May 2013(unit:gpm)

2012 年冬季至 2013 年春季,中国东南沿海地区受异常西南气流影响,青藏高原东侧的云南、四川等地受异常西北气流影响,云南和四川中西部地区的下沉运动较常年偏强(图 2.3),不利于降水。

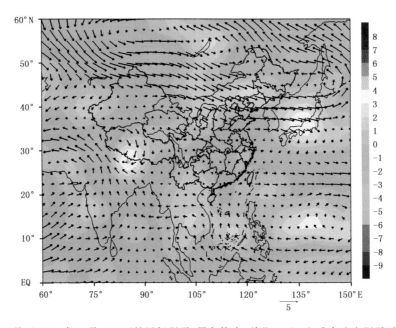

图 2.3 2012 年 12 月至 2013 年 5 月 500 百帕风场距平(黑色箭头,单位:m/s)和垂直速度距平(填充色,单位:Pa/s)

Fig. 2.3 The distributions of the wind anomaly field(black arrows,unit:m/s)and the vertical motion anomalies(color filled contours,unit:Pa/s)at 500 hPa from December 2012 to May 2013

2012年冬季至2013年春季,云南和四川等地受异常西北气流影响,700百帕相对湿度较常年偏低,动力条件和水汽条件都不利于降水,导致这些地区旱情发生(图2.4)。西南地区受偏西气流影响,整个地区为相对湿度负异常,贵州大部分地区、四川东部、重庆南部地区相对湿度负异常较秋季有所增强,水汽条件不利于降水,使得旱情持续。

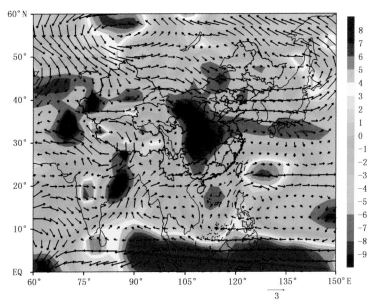

图2.4　2012年12月至2013年5月700百帕风场距平(黑色箭头,单位:m/s)和相对湿度距平(填充色,单位:%)
Fig. 2.4　The distributions of the wind anomaly field(black arrows, unit : m/s)and the relative humidity anomalies(color filled contours, unit : %)at 700 hPa from December 2012 to May 2013

2012年冬季至2013年春季,西南地区大部分地区为水汽输送通量辐散区,水汽条件不利于降水,该地区出现干旱(图2.5)。进入2012年冬季后,云南和贵州等地的水汽输送通量辐散强度较秋季增强,来自孟加拉湾的西南水汽带主要在华南一带产生辐合。因此,西南地区秋、冬季低层大气湿度负异常主要是由于水汽通量输送辐散强度较常年偏强,使得西南水汽输送辐合区偏向中国华

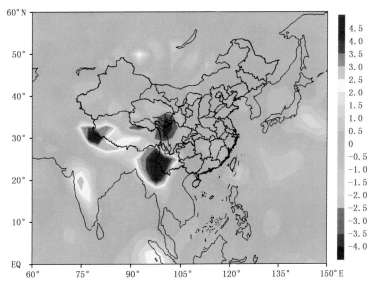

图2.5　2012年12月至2013年5月水汽输送通量散度(单位:10⁴(kg·m²)/s)
Fig. 2.5　The distributions of the water vapor transportation flux divergence from December 2012 to May 2013. (unit:10⁴(kg·m²)/s)

南沿海一带所致。2013年春末,除贵州西北部外,西南大部分地区为水汽输送通量辐合区,有利于湿度条件的改善,旱情逐渐缓解。

2012年冬季至2013年春季,海温偏低使得西太平洋副热带高压主体偏弱、偏东,但副热带高压外围反气旋环流范围仍较大,其西边界可一直西伸到孟加拉湾地区,使得西南暖湿气流在中国东南沿海地区形成辐合,导致这一区域降水较多。有研究表明,热带印度洋冬、春季海表温度与中国西南地区和中南半岛上空的冬、春季降水有很强的负相关。当热带印度洋冬、春季海表温度偏高时,中国南海、孟加拉湾和中南半岛上空低层反气旋异常环流偏强;反之,低层气旋异常环流偏强。从图2.6可以看出,2012年冬季到2013年春季印度洋海表温度为明显的正距平,菲律宾周围热带西太平洋反气旋异常环流较常年偏强,春季偏强最为明显,异常偏强的反气旋环流阻碍了孟加拉湾地区的暖湿气流向中国西南地区汇合,进而导致了西南地区的干旱。

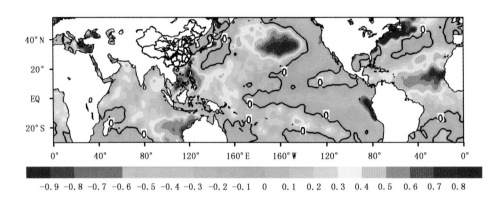

图2.6　2012年12月至2013年5月热带太平洋和印度洋海表温度距平(单位:℃)

Fig. 2.6　The distributions of the sea surface temperature anomalies in the tropical pacific and the tropical indian ocean from December 2012 to May 2013(unit:℃)

2.2　江南及贵州等地伏旱

2.2.1　高温实况特征

图2.7给出2013年7月高温异常持续天数,发现2013年7月我国出现大范围持续高温天气。高温天气主要出现在黄淮大部分地区、江淮、江汉、江南以及重庆、新疆南部等地,江南、江汉、江淮大部分地区、黄淮中南部以及重庆、贵州东北部等地高温日数为10～25天,浙江大部分地区、湖南中东部、江苏南部、江西东北部等地高温日数超过25天。

2.2.2　遥感干旱监测

图2.8为2013年夏季全国遥感干旱监测图。可以看出,进入夏季我国江南大部分地区发生干旱,江苏南部、安徽南部、江西南部及浙江最为严重,旱情达到中旱及重旱,江南其他地区和贵州南部旱情主要在中旱及以下。至6月中旬,江南地区的旱情有所缓解,除浙江西北部和江苏南部部分地区维持重旱外,其他地区的旱情都缓解至中旱以下;6月下旬,江南地区旱情加重,整个浙江省都处于重旱范围,相邻的江苏南部和安徽南部的旱情也在重旱等级,江南其他地区的旱情都维持在中旱及以下,少部分地区有重旱。7月上旬,浙江省的旱情已彻底缓解,江苏和安徽南部的旱情也有所缓解,旱情减轻到以中旱为主,江西、湖南、贵州和云南4省的旱情加重,尤其贵州和云南2省最为严重,贵州和云南绝大部分地区处于特旱等级,湖南中部主要以重旱为主,江西北部和南部地区主要为中旱和重旱;至7月中旬,云南东部的特旱仍然持续,云南其他地区和贵州的旱情得到缓解,湖南

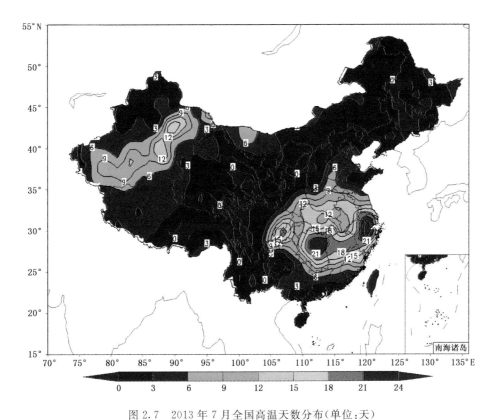

图 2.7　2013 年 7 月全国高温天数分布（单位：天）

Fig. 2.7　The numbers of high temperature days in July 2013（unit：d）

西北部旱情减轻到中旱及以下，江西东部和福建西北部等少部分区域的旱情仍维持在重旱和中旱等级，江南其他地区的旱情得到缓解；7 月下旬，江南地区、贵州和云南少部分地区出现干旱。至 8 月上旬，整个地区的干旱都彻底缓解。

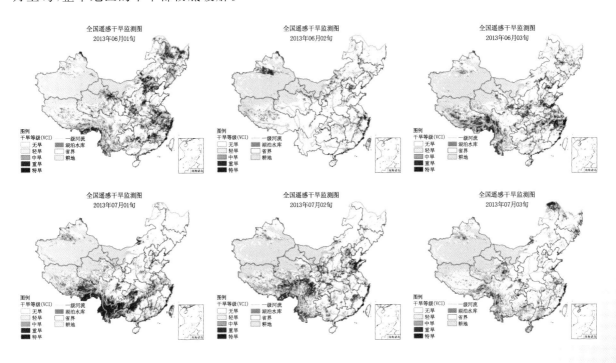

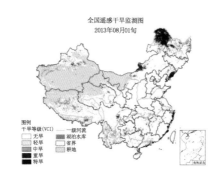

图 2.8　2013 年夏季全国遥感干旱监测图

Fig. 2.8　National remote sensing drought monitoring of Summer in 2013

2.2.3　成因分析

2.2.3.1　气候变暖

图 2.9 给出 2013 年 7 月 20°—30°N 平均温度距平的经度-高度剖面。可以看出,欧亚大陆 500 百帕上明显的正距平分布,说明该区域 500 百帕上有极为明显的升温。从垂直方向来看,在对流层整层大部分区域存在明显升温的特征,高值区位于欧亚大陆上空,升温有利于位势高度的升高;平流层底部大范围出现降温,同样在亚欧大陆上空有降温高值区分布。研究表明,全球变暖的重要特征表现为对流层升温而平流层降温。2013 年 7 月符合上述情况,这在一定意义上说明该月异常持续升温与全球变暖有一定联系,特别是欧亚大陆上空对流层温度的异常持续升高,加剧了西太平洋副热带高压变强,促使西太平洋副热带高压异常持续。

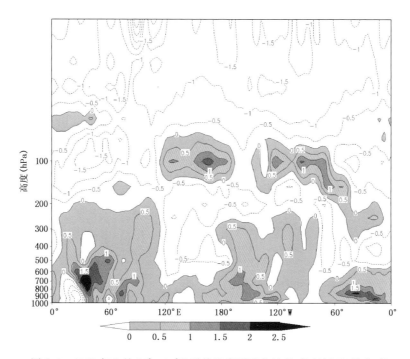

图 2.9　2013 年 7 月 20°—30°N 平均温度距平的经度-高度剖面(单位:℃)

Fig. 2.9　The height-longitude section of anomalies averaged temperature from 20°N −30°N in July 2013(unit:℃)

2.2.3.2　500 百帕高度场

图 2.10 给出 2013 年 7 月 500 百帕高度 20°—35°N 平均的时间-经度剖面和 120°—150°E 平均

的时间-纬度剖面。可以看出,进入 7 月,588 位势什米特征线维持在我国南海及两广上空,并且西太平洋南部大范围海域也受到西太平洋副热带高压 588 位势什米线控制;之后,7 月上旬西太平洋副热带高压虽有短暂的东退,但是东退至海上的西太平洋副热带高压依旧很强大,整个西太平洋洋面处于 588 位势什米线控制下,同时东退的西太平洋副热带高压有明显北跳,这期间其控制范围北扩至黄淮海区域。

西太平洋副热带高压明显北跳的过程中,正是 2013 年第 7 号超强台风"苏力"(2013 年 7 月 8 日 08 时开始编号,14 日 08 时停止编号,13 日 3 时在台湾新北与宜兰交界处登陆,16 时在福建连江黄岐半岛沿海登陆)和第 8 号热带风暴"西马仑"(2013 年 7 月 17 日 08 时开始编号,19 日 05 时停止编号,18 日 20 时 30 分在福建省漳浦县沿海登陆)两次热带气旋形成过程。这两次过程对西太平洋副热带高压起到北抬作用,且结束了淮河流域的梅雨期,对我国南方地区高温天气的持续起到重要作用。

7 月中旬,西太平洋副热带高压持续西进且中心强度加强,这时西太平洋副热带高压 588 位势什米线控制范围已西进到 110°E,北跳至 35°N 附近。我国长江中下游江南大部分地区受其控制,这一形势一直持续到 7 月下旬。

7 月下旬,西太平洋副热带高压有所南撤,但西进仍在持续。研究表明,我国江南到台湾海峡一带持续存在西太平洋副热带高压大值区,这样的环流形势十分有利于我国江南出现高温天气。从 2013 年 7 月 500 百帕高度场特征看,整体上 500 百帕高度场形势符合上述研究结果,我国江南到台湾海峡一带持续存在西太平洋副热带高压大值区的异常状态,造成了我国江南地区异常持续高温天气。

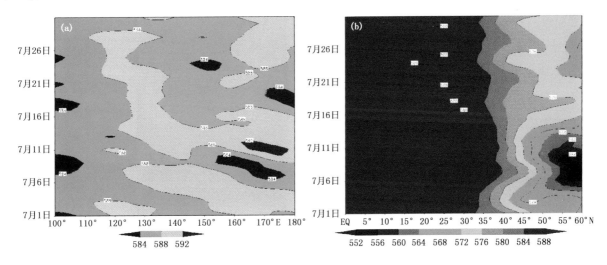

图 2.10　2013 年 7 月 500 百帕高度 20°—35°N 平均时间-经度剖面(a)和
120°—150°E 平均时间-纬度剖面(b)(单位:位势什米)

Fig. 2.10　The anomalous geopotential height at 500 hPa in July of 2013:(a) time-longitude section averaged from 20°N to 35°N;(b) time-latitude section averaged from 120°E to 150°E(unit:dagpm)

2.2.3.3　5—7 月西太平洋副热带高压各指数逐日演变特征

(1)西太平洋副热带高压指数定义

西太平洋副热带高压以脊线、强度和西脊点来描述。将(105°E—180°、0°—45°N)范围内 500 百帕高度场上西风 0 线的平均纬度记为西太平洋副热带高压的脊线位置;对同范围内位势高度大于 588 位势什米格点的位势高度平均值与 587 位势什米格点的位势高度平均值的差值进行累计,此累计值定义为强度指数;500 百帕高度场上,用 588 位势什米线西脊点的经度来表示西太平洋副热带高压东西方向上的位置,用 100 百帕高度场上 1676 位势什米线西脊点的经度来表示南亚高压东西方向上的位置。

（2）西太平洋副热带高压指数特征

2013年5—7月西太平洋副热带高压特征指数逐日距平（图2.11）显示，5月西太平洋副热带高压整体明显异常偏强、偏南、偏西，5月29日开始，西太平洋副热带高压北界连续出现越过平均位置的现象，且西脊点一直维持在平均位置以西。进入6月后，西太平洋副热带高压3种特征指数没有出现长时间的持续异常。6月下旬开始，异常状况再次出现，6月20日至7月13日西脊点一直处于偏西状态，期间伴随着西太平洋副热带高压的北跳，这样的西伸北跳持续期常使长江中下游出现高温酷暑天气。7月22—29日，西太平洋副热带高压偏西、偏南，且强度异常偏强。整体来看，2013年5—7月西太平洋副热带高压偏强、偏南、偏西，5月表征西太平洋副热带高压南北摆动、东西振荡、强度强弱特征指数均出现持续异常；6月20日至7月13日、7月22—29日两个时段，西太平洋副热带高压异常持续偏西，且伴有北跳。

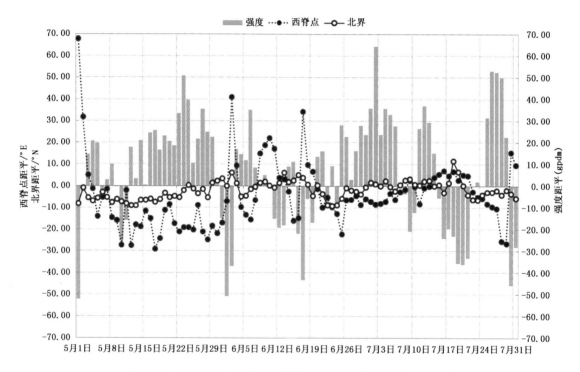

图2.11　2013年5—7月西太平洋副热带高压特征指数逐日距平

Fig. 2.11　The anomalies daily variation of Western Pacific Subtropical High index from May to July in 2013

2.2.3.4　太平洋跨赤道气流影响

图2.12是2013年7月逐日850百帕高度20°S—20°N平均经向风时间-经度剖面。整体上，20°S—20°N平均经向风不是很强，特别是中、东太平洋海域，长时间为北风，在西太平洋海域上虽然不间断有弱南风存在，但这一现象不利于在西太平洋海域生成、发展为可以削弱西太平洋副热带高压的热带气旋，致使西太平洋副热带高压得以长时间稳定维持，甚至加强，控制我国南部地区。

2.2.3.5　海温异常

为了综合考虑太平洋和印度洋海温异常对天气、气候的影响，杨辉等定义了太平洋－印度洋海温综合指数 I（杨辉 等，2005）。具体算法如下：

$$I = \nabla T_i + \nabla T_p \tag{1}$$

$$\nabla T_i = T_1 - T_2, \quad \nabla T_p = T_3 - T_4$$

式中，∇T_i，∇T_p 分别进行了标准化处理；T_1、T_2、T_3、T_4 分别为（5°S—10°N，50°—65°E）、（10°S—

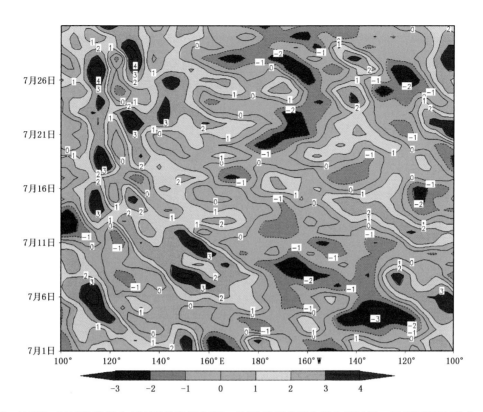

图 2.12　100°E—100°W 范围内 850 百帕高度 20°S—20°N 纬度带平均经向风时间－经度剖面图(单位:米/秒)

Fig. 2.12　The time-longitude section of 850 hPa anomalous meridional wind at the longitude range is from 100°E to 100°W and the latitude range from 20°S to 20°N (unit: m·s^{-1})

5°N,85°—100°E)、(5°S—5°N,130°—80°W)、(5°S—10°N,140°—160°E)范围的月平均海表温度距平。

　　太平洋－印度洋海温综合指数主要存在赤道东印度洋和赤道西印度洋同时有海温正(负)距平,而赤道西太平洋和赤道东太平洋有海温负(正)距平,以及赤道太平洋和赤道印度洋海温距平都非常小($I\rightarrow0$)三种基本模态。

　　图 2.13 给出 1961 年 1 月至 2013 年 5 月太平洋－印度洋海温综合模态指数的逐月分布,可以

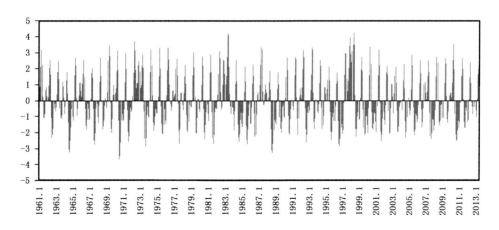

图 2.13　1961 年 1 月至 2013 年 5 月太平洋－印度洋海温综合模态指数逐月分布

Fig. 2.13　Monthly integrated distribution of the SST integrated modal index in the Pacific Ocean-The Indian Ocean from January 1961 to May 2013

看出,该指数有准 2 月的变化周期,且高温异常持续的年份有 I 偏低的现象。从 2013 年 1—5 月的 I 分布来看,至少前期符合夏季异常高温持续天气的海温背景条件。I 与西太平洋副热带高压西脊点逐月相关分析发现,5 月二者有很强的负相关,相关系数为 -0.74,通过了 $\alpha=0.001$ 信度检验,表明 5 月 I 越大,西太平洋副热带高压越偏西,即 5 月赤道印度洋海温偏高、赤道太平洋海温偏低时,则易出现西太平洋副热带高压越偏西的现象。

图 2.14 是 5 月 I 和西太平洋副热带高压(WPSH)西脊点逐年变化的 M-K 检验。由 I-UF 曲线看出,20 世纪 80 年代初以后 I 有明显增大趋势,且很长一段时间这种增大趋势远超过 0.05 显著性水平临界线,甚至超过 0.001 显著性水平临界线($u_{0.01}=2.56$),表明 5 月 I 偏大趋势十分显著。根据 I-UF 和 I-UB 曲线交点的位置,确定 5 月 I 突变时间在 1980 年前后。

由 WPSH-UF 曲线可以看出,20 世纪 70 年代末以后西太平洋副热带高压西脊点有明显偏西趋势,且很长一段时间这种偏西趋势远超过 0.05 显著性水平临界线,甚至超过 0.01 显著性水平临界线,表明 5 月西太平洋副热带高压西脊点偏西趋势十分明显。根据 WPSH-UF 和 WPSH-UB 曲线交点的位置,确定 5 月西太平洋副热带高压西脊点发生偏西的突变时间是 1978 年前后。

对比 5 月 I 与西太平洋副热带高压(WPSH)西脊点逐年变化的 M-K 检验,发现在 I 1980 年前后出现突变时,刚好是西太平洋副热带高压西脊点开始显著偏西的时期,且两条 UF 线开始呈反相变化。

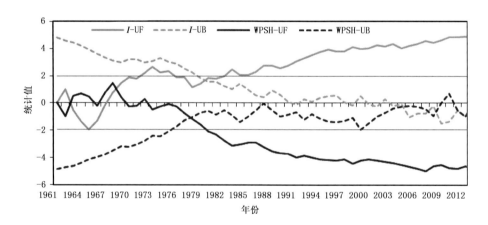

图 2.14　1961—2013 年 5 月 I 与西太平洋副热带高压(WPSH)西脊点的 M-K 检验

Fig. 2.14　The M-K test of the I index and the West Pacific subtropical high (WPSH) west ridge point in the May from 1961 to 2013

2.2.3.6　南亚高压对西太平洋副热带高压异常的可能影响

100 百帕高度场上,用 1676 位势什米线西脊点的经度来表示南亚高压东西方向上的位置。

夏季,南亚高压对西太平洋副热带高压的东西振荡过程有一定影响。图 2.15 给出 2013 年 5—7 月西太平洋副热带高压西脊点与南亚高压东脊点(1660 和 1676 位势什米特征线)逐日距平。可以看出,1660 位势什米特征线的东脊点自进入 5 月开始一直偏东,1676 位势什米线在 5 月 17 日第一次出现,从 5 月 27 日开始该特征线在波动中东进,特别是 6 月 11 日至 7 月 13 日期间,该特征线的东脊点整体表现为异常持续偏东,与此同时西太平洋副热带高压西脊点却表现为异常持续偏西,这很好地体现出南亚高压与西太平洋副热带高压"相向而行"和"相背而斥"的相互作用。总体来说,西太平洋副热带高压的异常持续偏西与南亚高压的异常持续偏东有很好的对应关系。

为了验证上述结论,从 6 月 4 日开始计算南亚高压东脊点(1676 位势什米)与西太平洋副热带高压西脊点同期、滞后相关(图 2.16)。整体来看,滞后 1～19 天均为负相关,也就是南亚高压东脊点

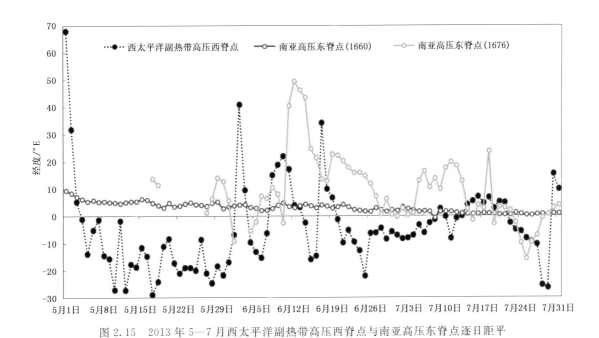

图 2.15 2013 年 5—7 月西太平洋副热带高压西脊点与南亚高压东脊点逐日距平

Fig. 2.15 Daily Anomaly of the West Pacific Subtropical High west ridge point and the South Asia high ridge east ridge point from May-July in 2013

东进对应滞后 1～19 天西太平洋副热带高压西脊点西进,滞后 7～14 天为显著相关,滞后 12～14 天极显著相关通过 $\alpha=0.01$ 的信度检验。总的说来,南亚高压东脊点与西太平洋副热带高压西脊点有较好的对应关系,这种对应关系在南亚高压超前影响西太平洋副热带高压东西振荡上有很好的体现。

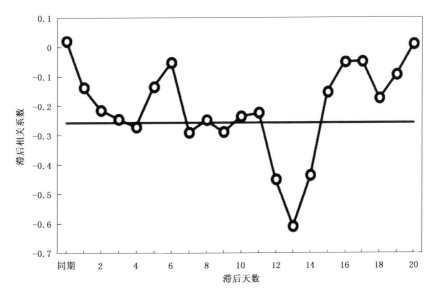

图 2.16 2013 年 6—7 月西太平洋副热带高压西脊点与南亚高压东脊点滞后相关
(红色线条为通过 $\alpha=0.1$ 水平的信度检验)

Fig. 2.16 The lag correlation of the West Pacific Subtropical High west ridge point and the South Asia high ridge east ridge point from June to July in 2013(Red lines are tested for reliability through $\alpha=0.1$ levels)

图 2.17 给出 2013 年 7 月 2—3 日南亚高压可能影响西太平洋副热带高压异常西伸的高、低空配置。可以看出,7 月 2—3 日,1676 位势什米特征线由我国东海上空逐渐接近日本岛,伴随该特征线的东进,500 hPa 588 位势什米特征线有西进的形势,西伸至湖北以西,北临黄淮海平原;100 百

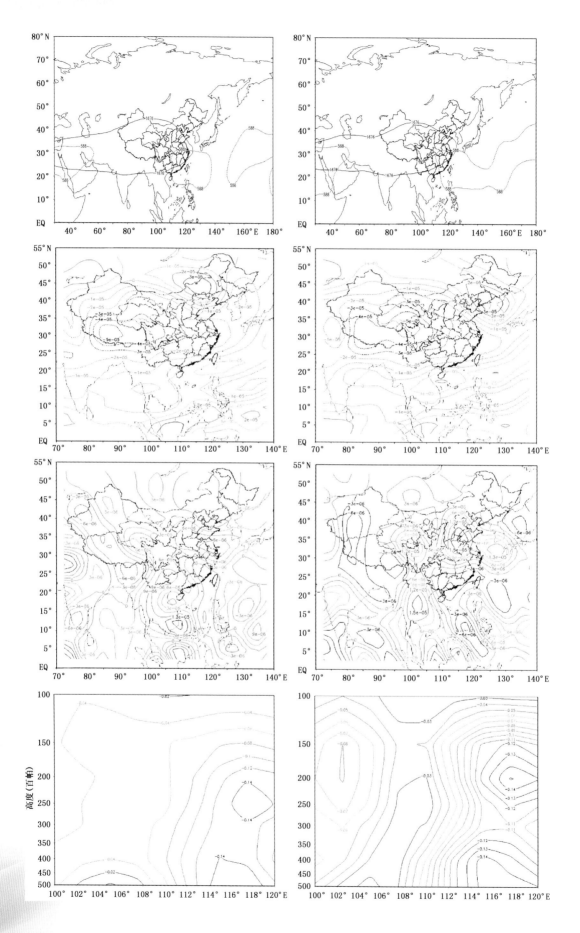

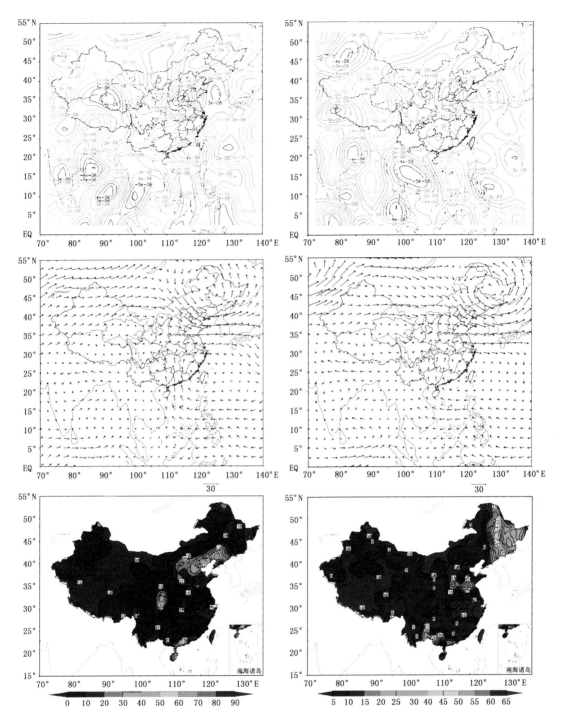

图 2.17　南亚高压可能影响西太平洋副热带高压异常西伸的高低空配置

（左列为 7 月 2 日，右列为 7 月 3 日；由上至下依次为 1676 与 588 位势什米特征线、100 百帕涡度场、100 百帕散度场、

500～100 百帕垂直速度、500 百帕散度场、500 百帕风场和地面降水实况）

Fig. 2.17　Possible conditions on Configuration of high altitude and low altitude of the anomalous westward extension of the West Pacific Subtropical High is affected by the South Asian High(Left column is July 2；The right column is July 3；From top to bottom it is in turn：the characteristic lines of the 1676 dagpm and the 588 dagpm，the vorticity field in 100 hPa，the dispersion field in 100 hPa，the vertical velocity from 500 to 100 hPa，the dispersion field in 500 hPa，the wind field in 500 hPa，and the precipitation reality)

帕涡度场上,负涡度平流向东扩展,大值中心移向青藏高原以东地区;100 百帕散度场上,7 月 3 日黄淮海区域的辐散大值中心强度加强,辐散运动增强,华南地区上空辐合运动增强;500～100 百帕高度范围,7 月 2 日上升运动高值区位于 114°—120°E,在四川盆地偏东地区有微弱下沉运动,7 月 3 日 114°—120°E 上升运动明显增强;500 百帕散度场上,7 月 2—3 日黄淮海区域存在强辐合中心,华南上空为辐散中心;500 百帕风场上,2—3 日我国长江中下游上空西南风加强。3 日,降水落区位于我国黄淮海区域。

结合降水实况,将高低空形势联系起来发现,100 百帕上,随着南亚高压的东伸,负涡度随之东移,且在 1667 位势什米特征线东南处出现辐合运动,对应 500～100 百帕范围垂直速度表现为弱的下沉运动,500 百帕该处对应有强辐散中心,这样的配置结构是西太平洋副热带高压西伸发展的有利条件。同时,东伸的南亚高压东北处为辐散高值区,加强了中低空西太平洋副热带高压对应位置的辐合上升运动,这样的环流形势有利于该区域降水的形成,降水的发生进而引发非绝热加热在垂直方向上的不均匀性,造成西太平洋副热带高压 588 位势什米特征线西北处的西南风加强,导致西太平洋副热带高压加强并西进。

2.3 各省(区、市)干旱事件年表

在中国大陆 31 省(区、市)范围内,采用以 MCI 为基础的 5 个等级干旱类型,如果 10% 站点连续 5 天同时出现同一种类型干旱,其首日定为一次该类型区域干旱的开始时间,期间小于或等于 5 天没有该类型干旱发生,则认为该类型区域干旱事件仍在持续,直至少于 10% 的站点能够达到中、重干旱标准,其末日认为是此次该类型区域干旱事件结束。另外,特旱标准为直至少于 5% 的站点能够达到特旱标准,其末日认为是此次该类型区域干旱事件结束。表 2.1 为 2013 年中国各省(区、市)干旱事件表。

表 2.1 2013 年中国各省(区、市)干旱事件表

Tab. 2.1 The drought events in each province of China in 2013

省(区、市)	干旱等级	旱情主要时段
北京市	中旱	2013 年 5 月 2013 年 10 月下旬至 12 月下旬
	重旱	2013 年 5 月中下旬 2013 年 12 月中下旬
	特旱	无
天津市	中旱	2013 年 4 月下旬至 5 月中旬 2013 年 5 月下旬至 6 月中旬 2013 年 7 月下旬 2013 年 8 月中下旬 2013 年 12 月上中旬
	重旱	2013 年 5 月
	特旱	2013 年 5 月中下旬
河北省	中旱	2013 年 5 月 2013 年 12 月中下旬
	重旱	2013 年 5 月中下旬
	特旱	无

续表

省份	干旱等级	旱情主要时段
山西省	中旱	2013 年 3 月中旬至 4 月中旬 2013 年 5 月上中旬 2013 年 12 月下旬
	重旱	2013 年 3 月下旬 2013 年 5 月中旬
	特旱	2013 年 5 月中旬
内蒙古自治区	中旱	2013 年 4 月中下旬
	重旱	2013 年 4 月下旬至 5 月上旬
	特旱	无
辽宁省	中旱	2013 年 5 月中下旬
	重旱	2013 年 5 月下旬
	特旱	无
吉林省	中旱	无
	重旱	无
	特旱	无
黑龙江省	中旱	无
	重旱	无
	特旱	无
上海市	中旱	2013 年 8 月中旬至 9 月下旬 2013 年 12 月上旬
	重旱	2013 年 9 月
	特旱	2013 年 9 月下旬
江苏省	中旱	2013 年 4 月下旬 2013 年 8 月中旬 2013 年 9 月上旬 2013 年 12 月上旬
	重旱	无
	特旱	无
浙江省	中旱	2013 年 7 月下旬至 8 月中旬 2013 年 9 月
	重旱	2013 年 8 月中旬
	特旱	无
安徽省	中旱	2013 年 4 月中旬 2013 年 5 月上旬 2013 年 8 月中旬 2013 年 12 月上旬
	重旱	无
	特旱	无
福建省	中旱	2013 年 10 月中下旬
	重旱	无
	特旱	无

续表

省份	干旱等级	旱情主要时段
江西省	中旱	2013 年 8 月、9 月 2013 年 10 月中旬至 11 月上旬
	重旱	2013 年 10 月下旬至 11 月上旬
	特旱	无
山东省	中旱	2013 年 4 月中旬 2013 年 5 月中旬 2013 年 9 月中旬 2013 年 10 月中旬至 11 月上旬
	重旱	2013 年 10 月中下旬
	特旱	无
河南省	中旱	2013 年 2 月下旬至 3 月中旬 2013 年 9 月中旬至 11 月上旬
	重旱	2013 年 9 月中旬至 10 月下旬
	特旱	2013 年 10 月上旬 2013 年 10 月下旬
湖北省	中旱	2013 年 8 月中旬 2013 年 10 月中下旬 2013 年 12 月下旬
	重旱	无
	特旱	无
湖南省	中旱	2013 年 7 月中旬至 8 月上旬 2013 年 10 月下旬至 11 月上旬
	重旱	2013 年 8 月上、中旬
	特旱	2013 年 8 月中旬
广东省	中旱	2013 年 3 月
	重旱	无
	特旱	无
广西壮族自治区	中旱	2013 年 8 月中旬
	重旱	无
	特旱	无
海南省	中旱	无
	重旱	无
	特旱	无
重庆市	中旱	2013 年 1 月中下旬 2013 年 2 月中旬至 3 月中旬 2013 年 8 月 2013 年 10 月中下旬
	重旱	2013 年 3 月中下旬
	特旱	2013 年 3 月下旬

续表

省份	干旱等级	旱情主要时段
四川省	中旱	2013 年 1 月中旬 2013 年 2 月
	重旱	2013 年 3 月上旬
	特旱	2013 年 3 月
贵州省	中旱	2013 年 2 月上旬至 3 月中旬 2013 年 7 月中下旬 2013 年 8 月 2013 年 10 月中旬至 11 月上旬 2013 年 12 月上旬
	重旱	2013 年 7 月中旬至 8 月中旬
	特旱	2013 年 7 月下旬至 8 月中旬
云南省	中旱	2013 年 1 月、2 月 2013 年 3 月中旬至 4 月下旬 2013 年 12 月上旬
	重旱	2013 年 1 月上旬至 3 月中旬
	特旱	2013 年 2 月中旬至 3 月中旬
西藏自治区	中旱	2013 年 1 月中旬
	重旱	无
	特旱	无
陕西省	中旱	2013 年 1 月下旬 2013 年 3 月上旬至 5 月上旬 2013 年 9 月上旬至 10 月中旬 2013 年 11 月上中旬
	重旱	2013 年 3 月下旬 2013 年 4 月中旬
	特旱	无
甘肃省	中旱	2013 年 3 月 2013 年 4 月中下旬
	重旱	2013 年 3 月下旬 2013 年 4 月中旬
	特旱	2013 年 3 月下旬
青海省	中旱	2013 年 3 月下旬至 4 月中旬 2013 年 9 月下旬至 12 月上旬
	重旱	2013 年 4 月中旬
	特旱	2013 年 4 月中旬
宁夏回族自治区	中旱	2013 年 10 月上中旬
	重旱	无
	特旱	无
新疆维吾尔 自治区	中旱	无
	重旱	无
	特旱	无

第3章　四季气象干旱特征

3.1　冬季气象干旱特征

3.1.1　冬季气象干旱空间分布

2012/2013年冬季(2012年12月至2013年2月),我国干旱主要发生在西南大部分地区、西北东部、青海东部以及西藏大部分地区,其干旱日数大多在20天以上。云南大部分地区和四川南部存在重旱,重旱日数在30天左右(图3.1)。

3.1.2　主要旱区干旱演变特征

整个冬季西南地区的干旱演变在总体上呈不断发展、增强的趋势。2012年12月上旬,西南地区旱情露头,云南大部分地区、四川南部和东部存在轻旱,云南中北部大部分地区及四川局部地区存在中旱,云南中部局部地区为重旱(图3.2)。12月中旬,云南大部分地区的干旱强度有所增强,省内8成以上的区域均达到中旱及以上级别,中北部地区则发展为重旱;与此同时,四川东部的局部中旱范围逐渐扩大。到12月下旬,云南大部分的中旱范围向东西方向扩展,基本覆盖了全省面积的9成以上,并在东、西两侧分别形成两个强干旱中心;四川东部的局部旱情减弱且范围缩小,只达到轻旱等级。2013年1月上旬,云南的大范围干旱中心继续向北、向东扩展,中旱范围延伸到四川

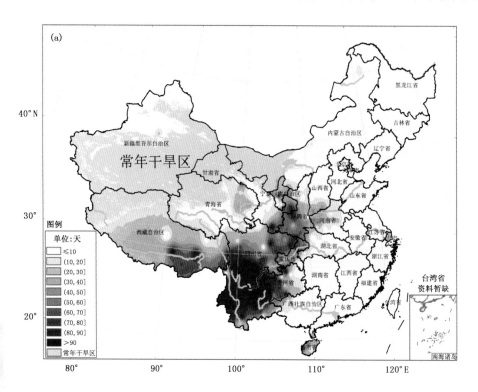

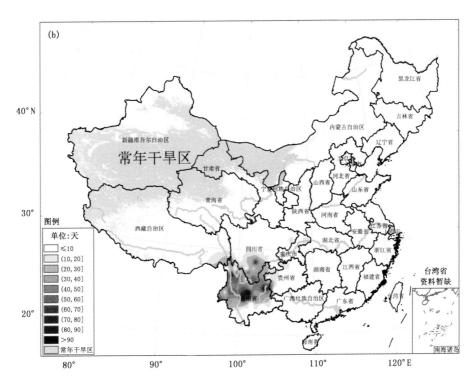

图 3.1 2012/2013 年冬季全国干旱日数(a)及重到特旱日数(b)分布

Fig. 3.1 Distribution of drought days (a) and heavy and severe drought days (b) in China in winter of 2012/2013

南部和贵州西部,重旱范围蔓延了整个云南省面积的 6 成左右,在云南中部甚至形成一个局地的特旱中心;四川东部的旱情仍维持在轻旱,范围略有缩小。1 月中下旬,云南大部分地区的干旱范围略有收缩,强度也略有减弱,尤其是特旱中心消失,强度最强为重旱,旱情基本回到了 12 月下旬的状态。2 月开始,云南大部分地区和四川东部的干旱强度再次增强,范围不断扩大,最后两个旱区相连,覆盖整个云南省及四川东南部,强度达到中旱以上,且在云南中部形成了东西向重到特旱的最强中心。

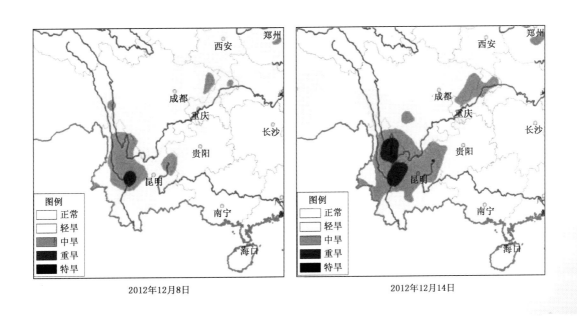

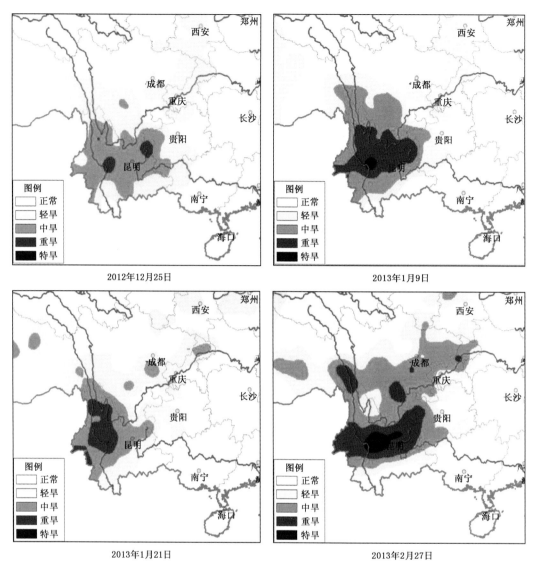

图 3.2　2012/2013 年冬季西南旱区旱情空间分布

Fig. 3. 2　Spatial distribution of drought in arid areas of Southwest China in winter of 2012/2013

3.1.3　旱区气温和降水变化

从 2012/2013 年冬季全国各月气温和降水分布来看(图略),2012 年 12 月,我国西南大部分地区气温较常年平均略偏高,新疆北部、东北、华北以及长江中下游局部地区气温较常年平均略偏低;我国西南、西北东部、青海和西藏的大部分地区降水量在 10 毫米以下,较常年普遍偏少 3 成以上,华东、华北、东北及新疆北部的部分地区降水较常年偏多。

2013 年 1 月,西北东部及北部局部地区气温偏高 1℃ 以上,东北大部分地区、新疆中部及西藏西部的局部地区气温偏低 2℃ 以上,其余地区气温基本在多年正常范围以内;我国西部大部分地区降水较常年偏少 5 成以上,西南地区及西藏、新疆大部分地区偏少 8 成以上,华北大部分地区、东北局部及西北中部局部地区降水较常年略偏多。

2013 年 2 月,除东北、华北及新疆北部以外,全国大部分地区气温较常年偏高,西南地区的云南省及四川南部气温偏高 2℃ 以上,这与此次冬季的主要旱区相对应;我国西部大部分地区以及内蒙古中西部降水量都较常年偏少 5 成以上,新疆南部、内蒙古中西部以及西南大部分地区降水量偏少 8 成以上,东北大部分地区降水较常年偏多 1 倍以上,局部地区偏多 2 倍以上。

3.2 春季气象干旱特征

3.2.1 春季气象干旱空间分布

2013 年春季,我国西南大部分地区、西北中部和东部、内蒙古中部和西部、华北、黄淮、江淮、西藏东部以及东北部分地区存在不同程度的干旱(图 3.3)。主要形成 4 个明显的干旱区,分别是西南旱区、西北中部和东部旱区、内蒙古中部和西部旱区,以及华北、黄淮和江淮旱区。

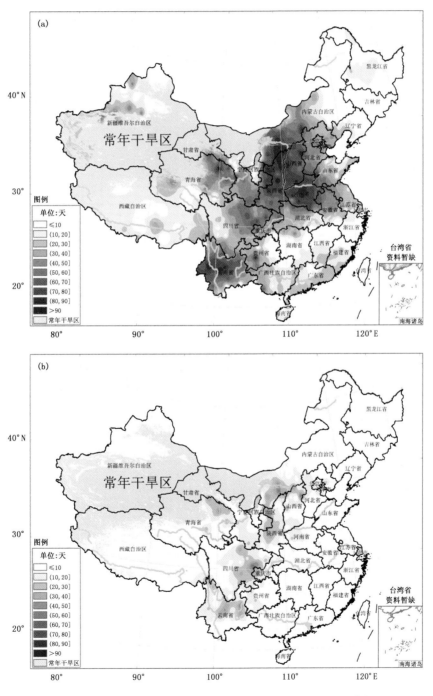

图 3.3　2013 年春季全国干旱日数(a)及重到特旱日数(b)分布

Fig. 3.3　Distribution of drought days (a) and heavy and severe drought days (b) in China in spring of 2013

主要旱区的位置具有随时间自南向北再向东转移的特点。3月上、中旬,中到重旱区主要位于西南地区;3月下旬起,中到重旱区自西南向北移动,西北东部和中部的部分地区、内蒙古西部以及华北和黄淮西部的部分地区存在中度以上气象干旱;4月下旬,中到重旱区主要位于内蒙古西部、甘肃河西中部以及青海东北部的部分区域;5月,主要旱区开始向东移动,5月下旬,华北、黄淮一带存在中度以上气象干旱。

3.2.2 主要旱区干旱演变特征

3.2.2.1 西南旱区

2013年初春,西南地区延续了2012年秋末以来的干旱,并发展至最严重程度,云南中北部、四川大部分地区以及贵州西部存在重到特旱;3月下旬,西南旱情明显缓解,四川盆地和云南中北部存在中到重旱,局地特旱;5月,四川盆地和云南中北部旱情进一步缓解,至下旬,西南地区旱情基本解除。西南地区2012年秋末至2013年春季旱情演变见图3.4。

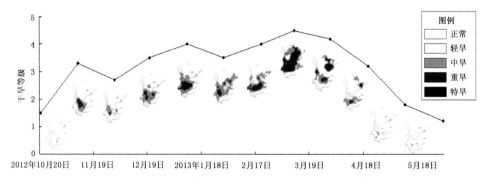

图 3.4　2012 年 10 月中旬至 2013 年 5 月西南地区旱情演变

（干旱等级的取值考虑了各等级面积的权重,下同）

Fig. 3.4　The evolution of drought in Southwest China from October 2012 to May 2013

（Notes：the values of drought grades considering the area weight of each drought grade）

3.2.2.2 西北中部和东部旱区

2012年秋末至冬,甘肃陇东和陇南的部分地区、宁夏中北部以及陕西中南部存在轻旱,局地有中旱;2013年入春以来,西北地区干旱发展,至4月中旬,甘肃中东部、宁夏大部分地区、陕西大部分地区以及青海东北部有中到重旱,局地特旱;4月下旬,陕西南部、甘肃河东部分地区旱情有所缓解,甘肃河西中部和青海东北部的部分地区干旱持续,部分地区存在特旱;5月中旬以后,西北旱区旱情进一步缓解,至5月底,仅甘肃中部和西部的部分地区以及陕西北部部分地区存在轻到中旱,局地重旱,西北其他区域无干旱。2013年1—5月西北中部和东部旱情演变见图3.5。

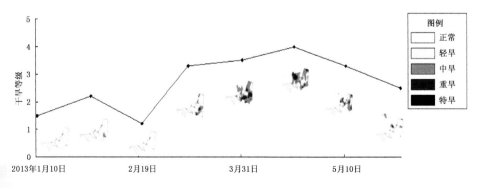

图 3.5　2013 年 1—5 月西北地区中部和东部旱情演变

Fig. 3.5　The evolution of drought in Northwest China from January to May 2013

3.2.2.3 内蒙古中部和西部旱区

2013 年初春,内蒙古西部有轻旱,局地中旱;3 月下旬起,旱情发展,西部的大部分地区存在轻到中旱,局地有重旱;5 月上旬末,西部部分地区旱情开始缓解,中部旱情发展,至月末,锡林郭勒盟大部存在中旱,局地有重旱(图 3.6)。

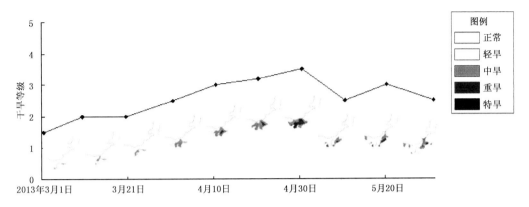

图 3.6 　2013 年 3—5 月内蒙古中部和西部旱情演变

Fig. 3.6　The evolution of drought in central and western Inner Mongolia of China from March to May 2013

3.2.2.4 华北、黄淮以及江淮旱区

2013 年春季,华北、黄淮以及江淮的部分区域也存在不同程度的气象干旱。3 月,华北、黄淮西部有轻到中旱,局地有重旱;4 月,旱区范围向东扩展,华北、黄淮和江淮大部分地区存在轻旱,局地中旱;5 月上、中旬,华北、黄淮地区干旱发展,大部分地区存在中度以上气象干旱,华北北部和西南部部分区域存在重到特旱,下旬末,华北南部和黄淮、江淮区域旱情缓解,仅局地存在轻旱,华北中北部旱情持续,以中到重旱为主。华北、黄淮以及江淮区域 2013 年春季旱情演变趋势见图 3.7。

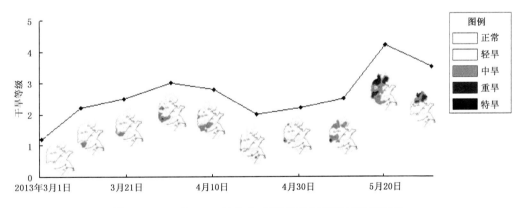

图 3.7 　2013 年 3—5 月华北、黄淮以及江淮区域旱情演变

Fig. 3.7　The evolution of drought in North China，Huang-Huai and Jianghuai Regions from March to May 2013

3.2.3 旱区气温和降水变化

从 2013 年春季各时段气温和降水分布来看(图略),3 月,西北中东部和内蒙古西部的部分地区气温较常年同期偏高 4~6℃,华北大部分地区、黄淮以及江淮地区偏高 1~4℃;西北大部分地区、内蒙古中西部、华北大部分地区、黄淮西部等地降水量较常年同期偏少 5~9 成,江淮大部偏少 3~5成。西北中东部自 2012 年秋末以来出现干旱,高温少雨致使这一地区的干旱持续发展;内蒙古中西部、华北、黄淮区域出现轻度到中等程度的干旱并持续发展。与此同时,西南旱区东部气温较常年同期偏高 2~6℃,西部偏高 1~2℃;3 月上旬,除云南南部和川西高原局部降水量偏多外,西南旱

区大部分地区降水量较常年同期偏少3~9成,气象干旱持续发展,中下旬,西南部分旱区出现降水,除四川盆地中北部、川西南山地局部地区以及贵州西南部外,四川和贵州的其余区域下旬降水量较常年同期偏多3成以上,旱情明显缓解。

4月,西南旱区中除云南西部的部分地区和四川盆地气温较常年同期偏高1~2℃,降水量偏少3~5成外,大部区域气温和降水接近常年同期,四川南部降水量较常年同期偏多3~5成,旱情明显缓解。华北、黄淮以及江淮区域气温接近常年同期,华北东部、黄淮东部、江淮区域降水量较常年同期偏少3~9成,旱情持续。内蒙古中西部的部分旱区气温较常年偏高1℃,降水量偏少3~9成,气象干旱发展;甘肃河东、宁夏南部以及陕西南部的部分地区下旬降水量偏多3成以上,旱情缓解,西北旱区其余区域旱情持续。

5月,西南大部分地区气温接近常年同期,云南东部和西北部、四川西南部和东北部降水量较常年同期偏多2成到1倍,旱情基本解除。西北中北部和东北部气温偏高1~2℃,局地偏高2~4℃,甘肃西部和中部的部分地区、陕西北部降水量较常年同期偏少3~9成,旱情持续,西北中东部其余旱区降水量偏多3成到1倍,旱情基本解除;内蒙古大部分地区气温较常年同期偏高1~4℃,西部阿拉善盟和中部锡林郭勒盟的大部分地区降水量偏少5~9成,气象干旱持续,西部其余区域降水量偏多2成到1倍,旱情解除。另外,5月上、中旬,华北和黄淮的大部分区域气温偏高1~4℃,降水偏少3~9成,旱情发展;5月下旬,华北北部气温较常年同期偏高1~2℃,降水较常年偏少3成以上,干旱持续,华北和黄淮其余区域气温接近常年同期,降水较常年同期偏多5成至2倍,旱情缓解。

3.3 夏季气象干旱特征

3.3.1 夏季气象干旱空间分布

2013年夏季,我国旱情主要出现在长江以南区域,华北中北部、东北南部、西北中东部、内蒙古中部和西部、黄淮、江淮、江汉以及西南北部等地区也存在不同程度的干旱(图3.8)。

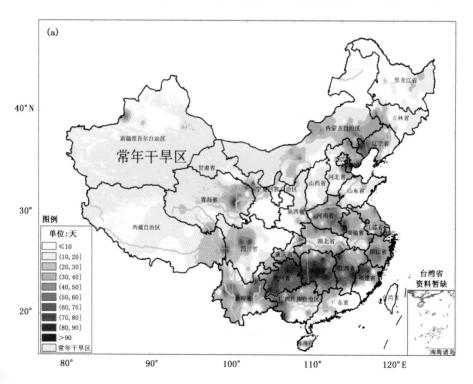

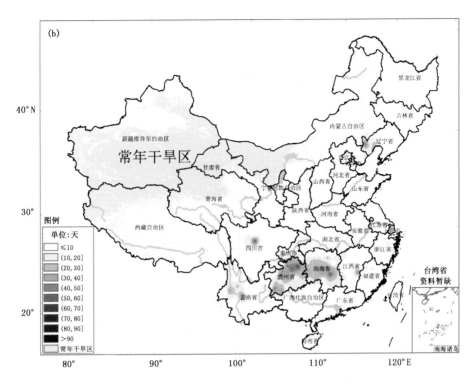

图 3.8 2013 年夏季全国干旱日数(a)及重到特旱日数(b)分布

Fig. 3. 8 Distribution of drought days (a) and days for heavy and severe droughts (b) in China in summer of 2013

3.3.2 主要旱区干旱演变特征

6月中旬后期,长江以南区域的干旱初见端倪,贵州西南部和东北部、湖南和江西中北部的部分区域出现轻到中旱。7月中、下旬,干旱开始发展,浙江中北部、江西中部和云南中部的部分地区存在轻到中旱,贵州大部分地区、湖南大部分地区、重庆中东部存在中到重旱,贵州遵义市局地有特旱。8月,旱情加剧,第三候旱情发展至最严重程度,江南大部分地区存在中度以上气象干旱,贵州中东部、湖南大部分地区以及江西北部的部分地区存在特旱;第四候起,长江以南区域的旱情开始缓解,月末,贵州大部分地区、重庆大部分地区、湖南中北部、江西东北部以及福建西北部等地旱情已降为轻到中旱。2013年夏季长江以南区域旱情演变见图3.9。

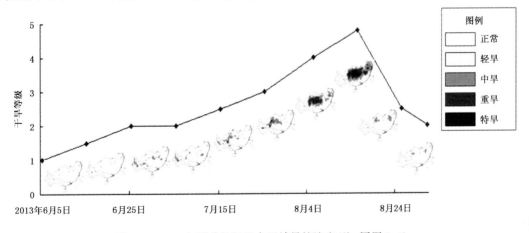

图 3.9 2013 年夏季长江以南区域旱情演变(注:同图 3.4)

Fig. 3. 9 The evolution of drought in the southern area of Yangtze river in China in summer of 2013

3.3.3 旱区气温和降水变化

从 2013 年夏季各时段气温和降水分布状况来看（图略），6 月上、中旬，之前出现春旱的辽宁西部、河北中北部、内蒙古中部和东南部的部分地区气温由春末偏高转为偏低 1～2℃，但降水量仍较常年同期偏少 3～8 成，春末以来的干旱持续；6 月中旬，黄淮西部、江淮、江汉、西南以及江南北部等地气温较常年同期偏高 1～4℃，降水量较常年同期偏少 3～8 成，部分区域旱象露头，出现轻到中旱；下旬，辽宁、河北、内蒙古等旱区气温接近常年同期，降水量较常年同期偏多 5 成以上，旱情得到明显缓解，长江以南大部分区域 6 月气温偏高 1～2℃，局地偏高 2～4℃，部分区域降水量仍较常年同期偏少 3～8 成，旱情持续。

7 月，黄淮大部分地区、江淮、江汉、江南大部分地区以及西南东部的大部分地区气温较常年同期偏高 1～2℃，黄淮南部、江淮大部分地区、江汉大部分地区、江南西北部和东北部以及西南东北部等地偏高 2～4℃；黄淮西南部、江淮东南部、江汉大部分地区、江南大部分地区以及贵州、重庆、云南东北部等地降水量偏少 2～8 成，贵州中东部、湖南中部、浙江中西部等地偏少 8 成以上。与此同时，江南大部分地区、重庆、江汉西部以及黄淮和江淮西部的部分地区出现 15～25 天的高温天气，湖南中部和浙江中北部的部分地区超过 25 天；黄淮大部分地区、江汉大部分地区、江南大部分地区以及重庆、贵州东北部等地高温日数较常年同期偏多 5～10 天，湖南中北部、浙江北部、江苏南部、上海及重庆西南部等地偏多 10 天以上。降水严重偏少，持续高温使得部分区域旱情持续发展。

8 月上中旬，江南大部分旱区气温较常年同期偏高 2～4℃，局地偏高 4℃以上，降水量偏少 5 成以上，旱情发展到最严重程度；下旬，长江以南旱区的大部分区域降水量较常年同期偏多 3 成到 1 倍以上，旱情明显缓解。8 月，黄淮、江淮、江汉、青海中北部以及内蒙古、辽宁、华北和四川的部分地区气温较常年同期偏高 1～4℃，局地偏高 4～6℃以上，降水偏少 3～8 成以上，出现轻到中旱，局地重旱。

3.4 秋季气象干旱特征

3.4.1 秋季气象干旱空间分布

2013 年秋季，我国旱情主要出现在江南、西南东部和南部、黄淮、江淮、江汉以及西北东南部的部分区域，以中到重旱为主，局地有特旱。另外，在华南、内蒙古西部以及西北中部的部分区域也存在轻到中旱（图 3.10）。

3.4.2 主要旱区干旱演变特征

9 月，黄淮西北部、江淮东部、江南中东部以及西南东南部的部分地区存在中到重旱。10 月上旬，江南区域的旱情稍有缓解，但从中旬起，干旱再次发展，至月末，江南大部分地区存在中到重度气象干旱；黄淮区域的旱情持续发展，至月末，黄淮大部分地区存在中到重度气象干旱，西北部有特旱，旱区范围向西向南延伸至陕西南部、重庆北部以及江淮西部一带，与江南旱区连成一片，形成一个大范围的干旱区。11 月，各旱区的旱情开始缓解，江南区域的旱情自中旬后解除，黄淮和西北东南部区域的旱情月末基本解除。另外，贵州西部和云南中东部 10 月上旬和 11 月上旬旱情较重，贵州西部局地有重旱，秋季其他时段以轻到中旱为主。西北东部、黄淮、江淮、江南、西南以及华南区域秋季旱情演变见图 3.11。

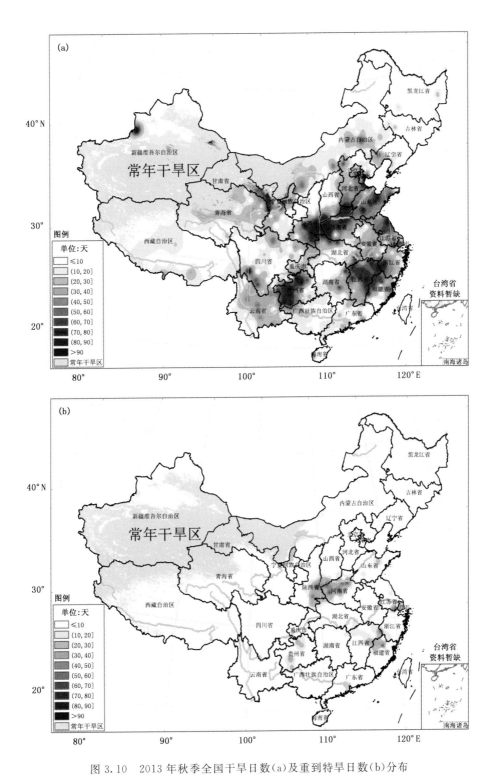

图 3.10　2013 年秋季全国干旱日数(a)及重到特旱日数(b)分布

Fig. 3.10　Distribution of drought days (a) and days for heavy and severe droughts (b) in China in autumn of 2013

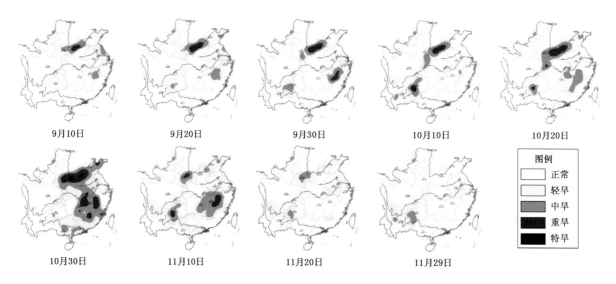

图 3.11　2013 年秋季西北地区东部、黄淮、江淮、江南、西南以及华南区域旱情演变

Fig. 3.11　The evolution of drought in eastern part of Northwest China, Huang-Huai basin, Jiang-Huai basin, the south of the Yangtze River, Southwest and Southern China in autumn of 2013

3.4.3　旱区气温和降水变化

从 2013 年秋季各时段平均气温距平、降水量以及降水距平百分率的分布来看（图略），9 月，西北西部和东南部、华北南部、黄淮北部、江南东部的局部地区以及内蒙古西部的部分地区气温较常年同期偏高 1～2℃，黄淮西北部局地偏高 2～4℃；降水量与常年同期相比，西北大部分地区、内蒙古西部和东部的部分地区、东北大部分地区、华北南部、黄淮北部、江南中东部、西南东部和南部的部分地区以及西藏西部等地偏少 2～8 成，新疆西部和黄淮北部局地偏少 8 成以上。气温偏高加之降水偏少，使得黄淮北部、陕西中南部、江南中东部以及云南中北部和贵州西部等地存在不同程度的干旱。

10 月上旬，江南旱区大部分地区有 10～50 毫米的降水，江南东北部有 50～400 毫米降水，较常年同期偏多 2 成到 2 倍以上，前期旱情得到有效缓解；10 月中、下旬，江南旱区气温接近常年同期，但降水量较常年同期偏少 8 成以上，干旱再次发展。10 月，西北东南部和黄淮旱区仍较同期气温偏高、降水偏少，旱情持续发展；华南大部分地区气温接近常年同期，但降水量较常年同期偏少 8 成以上，部分区域出现轻到中旱。

11 月上旬，黄淮、江南以及华南旱区大部分区域出现 10～25 毫米的降水，江南和华南部分地区降水量超过 25 毫米，前期旱情得到一定程度的缓解，云南大部分区域基本无降水，贵州中西部降水量也在 10 毫米以下，较常年同期偏少 8 成以上，部分区域仍存在中到重旱；11 月中旬后，西北东南部、黄淮、江南以及华南旱区大部分地区有 10～100 毫米的降水，江南中部和华南西部局地有 100～200 毫米的降水，大部分区域降水量较常年同期偏多 2 成到 2 倍以上，前期旱情大幅度缓解，江南旱情 11 月中旬后解除，黄淮和西北东南部的干旱月末基本解除；西南旱区降水仍较常年同期偏少 2 成左右，部分区域仍维持轻到中旱。

第4章　干旱的影响

4.1　干旱影响概况

2013 年中国干旱受灾面积较常年偏小,但区域性和阶段性干旱严重。年内干旱主要出现在西北东部、黄淮西部和南部、西南大部分地区、江南中部和西部以及甘肃中部和南部、内蒙古西部、辽宁西部、河北东部、北京东部、天津中西部、山东东部、广西西部、西藏南部和东部。

2013 年全国农作物受旱 1410.0 万公顷,绝收 141.6 万公顷,受旱面积较常年偏少 1032.5 万公顷。安徽、湖南、湖北和贵州 4 省因旱绝收面积占全国因旱绝收总面积的 65.2%。2013 年全国因旱造成 16225.8 万人次受灾,饮水困难 3046.8 万人次,直接经济损失 905.3 亿元。

2013 年不同季节主要旱区分布如图 4.1 所示。根据 MCI 综合干旱指数和区域干旱指标统计结果,2013 年冬季我国气象干旱主要出现在四川、云南、重庆、贵州、西藏、广西、甘肃和河南,其他省

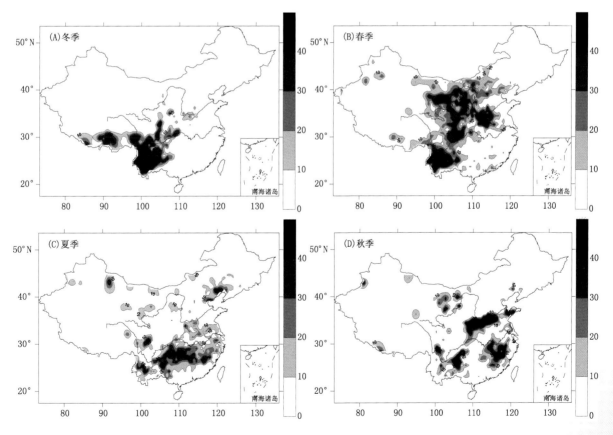

图 4.1　2013 年不同季节干旱日数分布图(单位:天)

Fig. 4.1　The drought days in China in different seasons of 2013(unit: d)

（区、市）未发生冬季气象干旱,四川、云南、重庆3省(市)的干旱达到中旱以上;春季气象干旱主要出现在云南、四川、贵州、重庆、青海、甘肃、宁夏、内蒙古、陕西、山西、河南、河北、北京、天津、安徽、湖北等省(区、市);夏季,云南、四川、重庆、贵州、广西、湖南、江西、福建、浙江、江苏、安徽、河南、河北及辽宁发生不同程度的气象干旱;秋季,内蒙古、甘肃、陕西、河南、山东、江苏、湖北、江西、湖南、福建、浙江、重庆、贵州、四川、云南等省(区、市)出现气象干旱。

以 $MCI \leqslant -1.2$ 为标准,统计发生干旱日数超90天的地区有云南大部分地区、四川西南部、贵州中西部、河南中北部以及甘肃中部、陕西东部、重庆中北部、江西东南部、福建西部的局部地区(图4.2)。

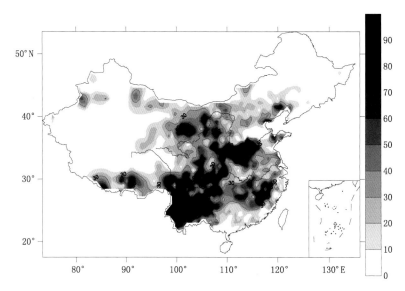

图 4.2　2013 年全国中旱及以上的干旱日数分布图（单位:天）

Fig. 4. 2　Distribution of drought days for middle drought and above in China in 2013（unit: d）

2013 年主要干旱及其影响如表 4.1 所示。

表 4.1　2013 年中国主要干旱事件列表

Table 4. 1　List of major drought events in China in 2013

时间	地区	程度	旱情概况
2012 年 10 月上旬至 2013 年 3 月上旬	西南地区（云南、贵州、重庆、四川）	区域平均降水量 112.1 毫米,较常年同期偏少 36.2%,尤其是云南省(降水量 87.4 毫米)严重偏少,较常年同期偏少 53.5%,仅次于 1961 年以来的 2009/2010 年同期(68.3 毫米)	受干旱影响,云南、四川南部的部分地区土壤缺墒,库塘蓄水下降,一季稻移栽受到不利影响,出现人畜饮水困难,林区火险等级居高不下,云南丽江、大理一度发生森林火灾
3—6 月	西北东部和华北北部	3 月至 5 月上旬,西北东部降水量比常年同期偏少 3~8 成,局地偏少 8 成以上,气温偏高 2~4℃。3 月至 6 月上旬,华北北部降水量为 10~50 毫米,较常年同期偏少,山西北部、河北北部、北京、天津、内蒙古中部偏东地区偏少 5~8 成	干旱导致冬小麦正常生长受到影响,且对春播作物生长不利。宁夏中部干旱带和南部山区 105.8 万人受灾,36.9 万人不同程度出现饮水困难;农作物受灾面积 19.4 万公顷,绝收面积 1.0 万公顷;直接经济损失 3.4 亿元。河南 405.8 万人受灾,9.9 万人因饮水困难需要救助;饮水困难大牲畜 2.2 万头(只);农作物受灾 29.8 万公顷,绝收7.2 万公顷;直接经济损失 10.4 亿元

续表

时间	地区	程度	旱情概况
7月1日至8月21日	湖南、贵州、江西、湖北、重庆、安徽、浙江、福建、广西、江苏	南方地区(浙江、江西、安徽、湖北、湖南、贵州、重庆)区域平均降水量为1951年以来同期最少,无降水日数为历年同期最多,且最长连续无降水日数为历年同期最长。湖南和江西平均降水量均为1951年以来同期最小值;贵州和浙江平均降水量均为1951年以来同期第三小值	湖南、贵州、江西、湖北、重庆、安徽、浙江、福建、广西、江苏等省(区、市)旱情较为严重,干旱对早稻、棉花、玉米等作物生长不利,造成茶叶、蔬菜减产。旱灾共造成上述10省(区、市)共8260.5万人受灾,1752.5万人饮水困难需救助;农作物受灾795.8万公顷,绝收108.9万公顷;直接经济损失590.4亿元

4.2 干旱对农业的影响

4.2.1 西南地区冬春连旱

2012年10月上旬至2013年3月上旬,西南地区(云南、贵州、重庆、四川)降水明显偏少,区域平均降水量112.1毫米,较常年同期偏少36.2%。云南省平均降水量87.4毫米,较常年同期偏少53.5%,自1961年以来仅多于2009/2010年同期(68.3毫米)。受降水持续偏少影响,云南中西部及四川东部等地出现冬春连旱。受此次干旱影响,云南、四川南部的部分地区土壤出现缺墒,库塘蓄水下降,一季稻移栽受到不利影响,出现人畜饮水困难。同时,西南林区火险等级居高不下,云南丽江、大理一度发生森林火灾。

4.2.2 西北东部、华北北部春旱

2013年3月至5月上旬,西北东部降水量比常年同期偏少3~8成,局地偏少8成以上,气温偏高2~4℃,高温少雨导致部分地区出现中到重度气象干旱。5月中下旬,西北地区出现两次明显降水过程,降水量普遍为25~100毫米,气象干旱缓解。2013年3月至6月上旬,华北北部大部分区域降水量10~50毫米,较常年同期偏少,山西北部、河北北部、北京、天津、内蒙古中部偏东地区偏少5~8成,部分地区出现气象干旱。此次干旱导致上述旱区冬小麦正常生长受到影响,且对春播作物生长不利。

4.2.3 江南及贵州等地高温伏旱

2013年7月1日至8月21日,南方地区(浙江、江西、安徽、湖北、湖南、贵州、重庆)区域平均降水量135.2毫米,较常年同期偏少52%,为1951年以来同期最小值。湖南和江西平均降水量分别为91.9毫米和111.8毫米,均为1951年以来同期最小值;贵州和浙江平均降水量分别为114.8毫米和89.6毫米,同为1951年以来同期第三少值。南方地区区域平均无降水日数有39天,较常年同期偏多8.7天,为1951年以来历史同期最多值;最长连续无降水日数达15.6天,为1951年以来历史同期最长。与此同时,上述地区出现了持续高温天气,导致江南及贵州等地伏旱迅速发展,对旱区早稻、棉花、玉米等作物生长不利,造成茶叶、蔬菜减产,贵州、湖南、江西、浙江等省直接经济损失480多亿元。气象卫星水体监测显示,2013年8月上旬鄱阳湖和洞庭湖水体面积分别比2012年同期偏小约25%和29%。

4.2.4 各省(区、市)干旱情况及其对农业的影响

天津市 2013年春季,天津市平均降水量21.0毫米,较常年同期偏少7成,为1961年以来历史同期降水低值第4位,尤其4—5月降水异常偏少,天津市平均降水量仅10.9毫米,为1951年以

来历史同期最小值;至5月中旬,天津市普遍出现严重气象干旱。气象卫星遥感监测显示,天津市农田墒情较差,干旱面积占耕地面积95%左右,主要农业区县干旱面积超过90%。

河北省 2013年,河北省以阶段性干旱为主,气象干旱主要发生在春、秋两季,年末干旱呈发展趋势。据河北省民政厅统计,2013年河北省因旱受灾115.2万人,农作物受灾8.848万公顷,直接经济损失2.41亿元,是一个旱情较轻的年份。(1)春旱。2013年春季,由于降水偏少,河北省部分地区露出旱象,特别是3月12日至5月25日,河北省平均降水量仅24.8毫米,比常年同期偏少59.4%,大部分地区降水量比历史同期偏少25%以上,局部偏少80%,旱情快速发展。4月4日和19日的2次降水过程使旱情得到缓解,之后的少雨天气再次使干旱进一步发展。到5月18日,除承德、沧州地区局部为轻旱外,其他地区都达到中度以上气象干旱,河北中部、西北部、东部地区达到重旱。5月25日以后,旱情逐步得到缓解或解除。(2)秋旱。10月中旬至12月中旬,张家口、保定、廊坊、唐山、承德等市局部地区降水偏少,60县(市)最长连续无降水日数超过40天,涿州、易县、涞源超过60天;河北省平均降水量16.8毫米,比常年同期偏少42%,降水主要集中在河北南部地区,北部地区降水偏少,气象干旱持续发展。

湖南省 2013年,大范围的气象干旱自6月中旬中期开始露头,6月29日开始湖南省出现大范围持续性高温少雨天气,气象干旱迅速发展;7月28日至8月20日,重旱以上范围均在50%以上,8月13日气象干旱发展到顶峰,重旱以上范围最广(77.3%),14日起,受台风"尤特""潭美"相继带来的降水影响,气象干旱逐步得到缓解。此次夏季干旱造成湖南省14个市(州)122个县(市、区)受灾,受旱1849.4万人,445.7万人饮水出现困难,因旱生活困难需救助373.8万人;农作物受灾207.58万公顷,绝收42.47万公顷;直接经济损失170.2亿元,其中农业直接经济损失162.7亿元。

湖北省 2013年1月至4月中旬,鄂西北东部、鄂东北大部分地区、鄂西南东部及江汉平原降水较常年同期偏少3~6成,鄂北部分地区夏粮、夏油料作物出现旱象,旱情虽然在5月得到一定程度的缓解,但由于2010—2012年持续三年的干旱,致使鄂北地区库塘蓄水减少;加之后期降水偏少,6月中旬鄂东北随州旱象露头,下旬鄂北岗地及鄂西南局部出现旱象。至7月15日,共有6个县(市)出现重度气象干旱,2个县(市)出现特重气象干旱;7月14—23日,部分地区出现降水,旱情有所缓解;7月27日旱情再次抬头,并呈发展态势。7月下旬至8月中旬,湖北省大部分地区降水较常年同期偏少6成以上,与历史罕见的持续高温天气叠加,8月20日湖北省有68.4%(52个)的县(市)发生重度以上气象干旱,30个县(市)达到特旱,主要分布在鄂西北中南部、鄂北岗地、鄂中丘陵以及鄂东东部,并快速蔓延至全省;至8月下旬,台风"潭美"带来的区域性强降水结束了长达一个多月的35℃以上酷热高温,极大缓解了全省性的高温伏旱。截至8月26日,黄冈、武汉、黄石、荆州、咸宁、天门、仙桃、潜江、神农架等9市(林区)旱情全部解除,但鄂北岗地的京山、广水、大悟、老河口以及恩施西部仍存在中等程度干旱。据统计,旱灾共造成湖北省97个县(市、区)1579.53万人受灾,380.31万人出现饮水困难,279.97万人因旱需饮水和口粮等生活救助;农作物受灾197.692万公顷,绝收30.395万公顷;直接经济损失100.57亿元。

江苏省 2013年,江苏省出现2次阶段性的区域性干旱过程,主要发生在4月至5月中旬和7月中旬至9月上旬初。4月至5月中旬,江苏省降水南北差异较大,沿淮地区及淮北东部地区降水量较常年同期偏少5~8成,部分地区发生气象干旱。盱眙降水(39.1毫米)为1961年以来历史同期第二低值;沛县(19.2毫米)、涟水(23.3毫米)及昆山(65.5毫米)为同期第三低值。据不完全统计,宿迁约有11.6万公顷小麦出现旱情。7月中旬出梅以后至9月上旬初,江苏省大部分地区降水量偏少,高温少雨天气导致农田蒸发量大,土壤失墒快,部分地区出现土壤水分亏缺并发生干旱。

江西省 2013年,江西省出现了2次干旱过程,分别出现在夏季和秋季。夏季7—8月干旱最为严重,影响较大,造成江西省736.7万人受灾,184.8万人饮水困难;农作物受灾59.93万公顷,绝收 8.1 万公顷;直接经济损失 39.2 亿元。(1)夏旱。盛夏 7—8 月,江西省进入晴热高温少雨时段,蒸发量大,导致全省范围内出现气象干旱,江西省气候中心 8 月 7 日发布干旱橙色预警信号,预警信号持续 12 天。干旱强度在 8 月 14 日达到最强,全省范围有 83 个国家级台站达到气象干旱等级标准(根据 CI 干旱指数监测),其中特旱 39 站,重旱 27 站,中旱 11 站,轻旱 6 站。江西省干旱区域大部分维持在赣北、赣中及赣南北部,特、重旱分布在赣北及赣中地区。(2)秋旱。9 月至 11 月上旬,江西降水持续偏少,平均雨量 66.8 毫米,较常年同期偏少 62.7%。由于降水偏少、气温偏高,全省出现不同程度的气象干旱;干旱强度在 11 月 10 日达到最强,江西省所有站点均达到气象干旱等级标准,重旱以上站数达 64 个。秋季的持续少雨,使得鄱阳湖水体面积缩小至近 10 年同期最小,湖口水位最低。

浙江省 2013 年,干旱共造成浙江省 11 市 801 个乡镇受灾,农作物受灾 67.987 万公顷,成灾 31.902 万公顷,绝收 5.386 万公顷;403.97 万人受灾,118.64 万人饮水困难;直接经济损失 73.3 亿元,其中农业经济损失 66.3 亿元。7—8 月,浙江全省出现近 60 余年最严重的高温热浪少雨天气,高温持续时间之长、强度之强、范围之广、降水之少、蒸发之大,均为历史同期最严重,极端高温热浪少雨天气导致浙江省出现严重干旱。据气象干旱监测结果显示,浙江省 8 月 18 日发生的气象干旱面积最大,达 1013 万公顷,其中特旱 129 万公顷,重旱 242 万公顷,中旱 438 万公顷,特旱及重旱主要发生在沿海地区。8 月 18—19 日,受热带低压影响,浙东、浙北地区出现明显降雨天气,局部地区出现短历时暴雨,大幅度缓解了杭州、嘉兴、湖州、宁波、绍兴等地的旱情;8 月 21—22 日,受台风"潭美"影响,浙江省普遍发生降水,温州、台州、丽水普降暴雨到大暴雨,充沛的降水有效缓解了旱情,气象干旱面积较 18 日减少了 651 万公顷。

广西壮族自治区 2013 年,广西未出现大范围干旱,仅局部地区出现夏旱或秋旱,干旱较常年偏轻。(1)夏旱。7 月至 8 月上旬,广西频繁出现持续性高温天气过程,期间大部分地区降水量比常年同期偏少 2 成以上,桂北大部分地区偏少 4～9 成。气温偏高与降水偏少,致使桂北的桂林、柳州、河池 3 市局部出现旱情。据灾情统计,桂林市全州县受灾农作物 0.8 万公顷,2 万多人和 2.5 万头大牲畜出现临时饮水困难;灌阳县部分水库库存不足三分之一,全县 9 个乡镇 138 个行政村种植业、林业、畜牧业不同程度受灾;柳州市融安县因旱灾造成的农业直接经济损失约 136.95 万元;河池市天峨县、巴马瑶族自治县、东兰县共 15 个乡镇 0.25 万公顷农作物受灾,5600 多人因旱出现临时饮水困难,900 多人需要送水,海拔较高的自然屯、移民点出现饮水困难的人数较多。(2)秋旱。10 月广西大部分地区降水量明显偏少,气象干旱有所发展。综合气象干旱指数(CI)监测结果显示,2013 年 10 月 31 日,广西全区 109 个县(市、区)中有 80 个县(市、区)发生不同程度的气象干旱,其中重旱 3 个,中旱 30 个,轻旱 47 个。据广西防汛抗旱指挥部办公室的信息,局部地区出现用水紧张,巴马有 3 个小学需要送水,兴业部分地区农业生产用水紧张。

四川省 2013 年,四川省冬春干旱较重,夏旱较轻,伏旱一般。据统计,2013 年干旱灾害造成 2065.78 万人受灾,615.65 万人饮水困难;农作物受灾 159.459 万公顷,绝收 25.51 万公顷;直接经济损失 77.73 亿元。(1)冬春干旱。冬春干旱对四川盆地小春作物的生长发育和大春生产的备耕产生不利影响,也导致川西高原南部和攀西地区森林火险气象等级长期居高不下,森林防火形势严峻,部分地方出现人畜饮水困难。2012 年 11 月至 2013 年 4 月上旬,四川省大部分地区降水偏少,气温偏高,全省共有 138 站发生干旱,118 站干旱持续天数在 2 个月以上,73 站干旱持续日数在 100 天以上,有 46 站甚至发生了秋冬春连旱,干旱持续天数超过 150 天,发生秋冬春连旱的地区主要在四川盆地中部、攀枝花西部和甘孜州西南部。2012 年 11 月至 12 月 15 日,四川省有 98 站发生干旱,其中轻旱 13 站,中旱 43 站,重旱 34 站,特旱 8 站,旱区主要在攀西地区和四川盆地中东部;2013 年 1 月下旬开始,四川盆地西部和南部的干旱迅速发展,四川省受旱站数急剧增加,到 2 月上旬达到最多,2月6日干旱范围覆盖四川省大部分地区,有135站发生干旱,其中轻旱7站,中旱17站,重旱34站,特旱77站;2月7日,四川盆地中部和南部出现9~15毫米的降水,旱情得到缓解,特旱范围减少到36站,但120站以上的大范围干旱从2月2日一直持续到3月18日,持续45天;3月中旬旱情再次加重,特旱范围由前期的30多站增加到近80站;3月下旬至4月上旬,四川省连续出现大范围较强降水天气,降水量30~100毫米,大部分地区的旱情逐渐得以解除。(2)夏旱。2013年四川省共有50县、市(四川盆地39县、市)发生了夏旱,其中轻旱38县、市(四川盆地31县、市)、中旱9县、市(四川盆地6县、市)、重旱1县、市(巴塘)、特旱2县、市(新都、德荣)。夏旱区主要在四川盆地西部和西南部、攀西西南部及甘孜州西南部。与常年相比,2013年夏旱范围偏小、强度偏轻,属偏轻年份。(3)伏旱。2013年四川省共有61县、市(四川盆地36县、市)发生伏旱,其中轻旱38县、市(四川盆地24县、市)、中旱17县、市(四川盆地9县、市)、重旱4县、市(四川盆地2县、市)、特旱2县、市(古蔺、小金)。川西高原伏旱发生范围较广,高原中东部和四川盆地南部泸州等地伏旱较重。与常年比较,轻、中度伏旱区略偏大,重度以上伏旱区略偏小,2013年四川伏旱属正常年份。

贵州省 2013年,春旱主要出现在贵州西部地区。自2月中旬以来,由于气温偏高,贵州西部、西南部边缘地区旱象开始露头。3月12日,贵州西部发展为中到重旱,其余地区多为轻旱;受3月12—13日和18—19日2次降水过程影响,贵州省大部分地区旱情得到不同程度的缓解或解除,但西部地区由于降水偏少,干旱仍持续发展;3月下旬后,贵州省多雷雨冰雹等降水天气,旱情得到进一步缓解,西部地区为轻旱,其余地区无旱。4月中旬以后,西南部旱情有发展势头,局地发展为中旱;4月下旬,贵州省出现大范围持续降雨天气,西南部旱情得到一定程度上的缓解,局地旱情解除。6月下旬以后,夏旱发展迅速,重旱以上县(市、区)由7月1日的1个发展到8月13日的68个(最重)。夏旱从7月1日至8月24日,共计55天,造成直接经济损失96.43亿元,历史排位第二,仅次于2011年夏旱,给工农业、水力发电、林业、生态环境和人畜饮水造成重大影响。

云南省 2013年,云南省大部分地区出现春旱,共造成16个州(市)1274.4万人受灾,有391.0万人饮水困难;农作物受灾80.74万公顷,绝收10.66万公顷,成灾40.17万公顷;直接经济损失66.8亿元,其中农业经济损失64.6亿元,临沧、曲靖、保山、大理等州(市)损失较大。

甘肃省 2013年,初春至仲春(3—4月),甘肃省大部分地区降水量偏少2~6成,河西中东部、陇中中北部和陇东北部偏少6~8成。初春(3月),甘肃省各地气温特高,大部分地区降水特少,基本无有效降水,河东部分地区为建站以来同期最小值;截至3月底,河东大部分地区连续无降水日数为20~41天,陇中大部分地区、陇东大部分地区和甘南大部分地区为30~41天,陇中北部、陇东北部及陇南北部出现持续干旱。仲春(4月),甘肃省气温偏高,河西中西部、陇中北部和陇东大部分地区降水偏少,干旱持续。春季干旱对冬小麦越冬、开花、灌浆和春小麦拔节、孕穗及大秋作物苗期生长造成一定影响。据不完全统计,春旱造成甘肃省286.39万人受灾,48.67万人饮水困难;农作物受灾53.23万公顷,成灾26.86万公顷,绝收9.68万公顷,损失粮食516万千克;直接经济损失达6.119亿元,其中农业经济损失4.5亿元。

青海省 2013年3月1日至4月27日,青海省平均气温和无降水日数均创历史同期新高。受此影响,青海省气象干旱不断发展,海北出现50年一遇的特大气象干旱,西宁出现25年一遇的严重气象干旱,青海省重度、特重度气象干旱面积一度居全国首位。干旱共造成8.3万人受灾,农作物累计受灾面积0.7万公顷。

宁夏回族自治区 2012年秋季至2013年春季,宁夏中北部发生秋冬春连旱,气象干旱持续时间之长、降水量之少历史罕见。2012年9月26日至2013年5月7日,同心及以北大部分地区连续200多天未出现2毫米以上的降水天气,大部分地区累计降水量不足20毫米,较常年同期偏少5~9成,大武口、惠农、陶乐、平罗、银川、中卫、中宁、麻黄山、同心创历史同期新低。与此同时,宁夏大部分地区平均气温较常年同期偏高 1℃以上,气温偏高,雨雪偏少,气象干旱持续发展,部分地区达到特旱。秋冬春连旱给中部干旱带农业生产及人畜饮水造成困难。

4.3 干旱对水资源的影响

4.3.1 水资源总量状况

2013 年我国年水资源总量 28054.3 亿立方米,属于正常年份。内蒙古、广东、广西、海南、四川、宁夏属于水资源比较丰富年份;山西、吉林、黑龙江、甘肃属于异常丰富年份;天津、上海、江苏、安徽、江西、河南、湖南、贵州、云南属于较为欠缺年份;其余 12 省(区、市)均属正常年份(表 4.2)。

表 4.2 2013 年全国及各省(区、市)水资源总量和采用的指标及参数

Table 4.2 Total water resources, evaluate indicators and parameters of the national and provincial (autonomous regions and municipalities) in 2015(10⁸ m³)

地 区	年水资源总量(亿立方米)	评估结果	指标1	指标2	指标3	指标4	a	b
北 京	24.0	正常	38.9	32.3	20.8	14.3	−16.19	0.47
天 津	5.5	较为欠缺	21.6	16.8	8.6	3.8	−14.56	0.45
河 北	193.8	正常	234.8	195.8	127.5	88.5	−127.42	0.31
山 西	118.9	异常丰富	118.3	105.9	84.2	71.9	−13.10	0.15
内蒙古	686.8	比较丰富	714.3	602.7	407.4	295.8	−466.23	0.26
辽 宁	394.6	正常	502.0	401.2	224.8	124.0	−373.81	0.73
吉 林	571.4	异常丰富	550.5	470.8	331.3	251.7	−316.95	0.62
黑龙江	1169.6	异常丰富	1061.6	916.9	663.6	518.9	−541.69	0.56
上 海	24.5	较为欠缺	54.3	44.1	26.3	16.1	−38.73	1.00
江 苏	247.4	较为欠缺	588.1	477.6	284.1	173.6	−538.26	0.88
浙 江	890.9	正常	1274.2	1122.6	857.3	705.6	−642.37	1.06
安 徽	577.0	较为欠缺	1087.1	913.4	609.4	435.6	−739.79	0.89
福 建	1082.4	正常	1539.9	1354.8	1030.8	845.7	−466.53	0.81
江 西	1261.6	较为欠缺	2087.2	1822.6	1359.6	1095.0	−851.90	0.88
山 东	298.2	正常	430.1	345.6	197.8	113.3	−240.15	0.52
河 南	218.1	较为欠缺	583.7	481.7	303.2	201.2	−322.35	0.58
湖 北	873.7	正常	1394.5	1200.3	860.6	666.4	−733.08	0.79
湖 南	1634.5	较为欠缺	2159.1	1969.8	1638.4	1449.1	−303.90	0.71
广 东	2265.8	比较丰富	2320.9	2063.8	1613.9	1356.9	−454.50	0.73
广 西	2205.1	比较丰富	2433.2	2161.8	1686.8	1415.4	−588.01	0.69
海 南	446.7	比较丰富	456.6	391.6	277.9	212.9	−230.25	0.93
四 川	2906.1	比较丰富	2962.6	2737.0	2342.2	2116.5	−1075.50	0.78
重 庆	507.4	正常	682.7	607.6	476.4	401.3	−253.82	0.86
贵 州	843.6	较为欠缺	1221.8	1120.6	943.5	842.3	−356.11	0.67
云 南	1939.6	较为欠缺	2568.1	2350.1	1968.5	1750.5	−839.80	0.70
西 藏	4492.6	正常	4591.4	4509.5	4366.2	4284.3	3752.38	0.13
陕 西	351.8	正常	516.7	436.7	296.7	216.7	−242.38	0.47

地 区	年水资源总量(亿立方米)	评估结果	指标1	指标2	指标3	指标4	a	b
甘 肃	244.1	异常丰富	243.6	225.6	194.2	176.2	38.12	0.11
青 海	639.8	正常	759.6	696.7	586.5	523.6	−123.16	0.29
宁 夏	12.2	比较丰富	13.3	11.7	9.1	7.6	−0.45	0.08
新 疆	926.5	正常	1001.8	956.5	877.1	831.7	580.00	0.12
全 国	28054.3	正常	30334.2	28934.3	26484.4	25084.5		

* 资料来源于中国 2000 多个水文监测站;年水资源总量(W)丰枯等级划分标准:W>指标1 为异常丰富,指标1≥W≥指标2 为比较丰富,指标2>W>指标3 为正常,指标3≥W≥指标4 为较为欠缺,指标4>W 为异常欠缺;a,b 为参数,无单位。

4.3.2 四大流域水资源状况

长江流域的赣江流域地表水资源量总体偏少,较常年偏少 23%～30%,汉江流域也以偏少为主。黄河中游以偏多为主,除黑石关偏少 32%外,其他子流域偏多,最大偏多达 37%。海河流域大部分子流域较常年偏多,仅承德、戴营、韩营偏少。淮河流域大部分子流域较常年同期偏少,仅临沂(沂河)、大官庄(沭河)偏多。

4.3.3 大型及小型水库水量状况

对 75 个大 1 型水库(个别为大 2 型,储水量 1 亿～10 亿立方米)上游流域年降水量的统计结果表明,全国有 57%的水库上游流域平均年降水量较常年偏少(图 4.3),包括安徽、北京、福建、贵州、河南、湖北、江西、青海、山东、西藏、新疆、云南的全部水库及广东、广西、河北、湖南、辽宁、内蒙古、四川、浙江的部分水库;其余 43%的水库上游流域平均年降水量较常年偏多,包括甘肃、黑龙江、吉林、江苏、宁夏、陕西、天津、山西、重庆的全部水库及广东、广西、河北、辽宁、内蒙古、四川、浙江等省(区)的部分水库,对水库蓄水有利。

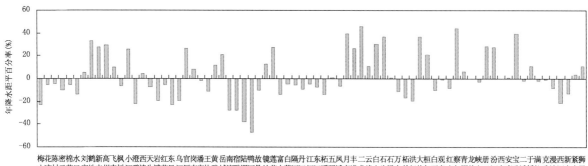

图 4.3 2013 年我国 75 座大 1 型水库年降水量距平百分率

Fig. 4.3 The anomaly percentage of annual precipitation at 75 large reservoirs in China in 2013

4.3.4 干旱对水资源影响的典型事件

(1)西南地区冬春连旱

西南地区发生冬春连旱,部分地区水资源状况受到影响。云南自 2012 年汛期末至 2013 年 3 月,降水持续偏少,河道来水量较常年同期偏少约 4 成,湖泊、库塘水量严重不足,工农业生产及居民生活用水极度紧张,共造成 326 万人、153 万头大牲畜不同程度饮水困难。3 月下旬,昆明市共有

23 条河道断流,35 座水库干涸,库塘蓄水总量仅为 7.56 亿立方米,较常年同期减少 5.75 亿立方米,共有 72 万人、34 万头大牲畜不同程度饮水困难。昆明市从 3 月 1 日起实施主城区分步减量供水,3 月每天调减供水量 10 万立方米。重庆市受降水持续偏少影响,长江重庆段水位持续下降,加之上游地区干旱,导致嘉陵江重庆段水位下降明显,部分航道变窄、变浅,多处河床裸露,多航段实施限航。

(2)江南及贵州等地夏季高温干旱

6 月中旬中期开始,湖南省气象干旱迅速发展,受高温和持续干旱影响,多地水库、水坝干涸,溪河断流,农作物大面积受灾,损失严重,人畜饮水出现困难。由于长时间缺乏有效降水,至 8 月 14 日,湖南省有 3707 条河段断流,2822 座水库、52.3 万处山塘干涸,严重影响了当地人民群众的生产生活。

6 月下旬至 8 月中旬,贵州省大部分地区出现长时间晴热高温天气,遭遇历史罕见大旱,江河来水持续偏枯。8 月 9 日,贵州最大的构皮滩水电站,水位较正常情况下降了 20 多米,水位线逼近水库死水位,因水位剧降,已无法实现满负荷发电。截至 8 月 13 日,赤水河部分河段水面宽度不足 10 米,河水很浅,受干旱影响,贵州最繁忙的航道已断航近 2 个月。

安徽因高温干旱和抗旱用水导致全省水库、湖泊总蓄水量和可用水量明显减少。截至 8 月 19 日,淮北干支流河道总蓄水量 9.45 亿立方米,较常年同期偏少 1 成;沿淮湖泊总蓄水量约 11.95 亿立方米,较常年同期偏少 2 成;安徽省大中型水库、湖泊和淮河干支流可用水量 85.3 亿立方米,比 8 月 5 日减少 20.3 亿立方米;安徽省有 628 条河道断流,281 座水库干涸。

8 月中旬,湖北省鄂北、鄂中有 5 座大型水库、10 座中型水库和 1373 座小型水库低于死水位,62 座大中型水库因接近死水位无法自流灌溉;有 5612 条山沟河溪断流和 15.7 万口塘堰干涸。

8 月底,重庆市水利部门的水利工程实际蓄水 19.85 亿立方米,占应蓄水量的 57.03%,与 2012 年同期相比减少 1 成,其中水库蓄水 15.17 亿立方米,其他水利工程蓄水 4.68 亿立方米。涪陵、南川、綦江、武隆、秀山、彭水、开县、云阳、奉节、巫溪、城口等 11 个区(县)蓄水不足 50%,武隆为全市最低,实际蓄水仅占应蓄水的 27%。

4.4 干旱对生态环境的影响

2013 年植被生长季(5—9 月),除内蒙古中西部、西北东部和中西部大部分地区、青藏高原中西部植被覆盖较差外,全国其余大部分地区植被覆盖较好,植被长势与 2012 年同期相当,接近 2009—2013 年同期平均水平。

2013 年植被生长季,全国平均降水量 494.7 毫米,较常年同期偏多 7.6%,黑龙江西部、吉林东南部、内蒙古东北部和中南部部分地区、华北西部、陕西北部、宁夏南部、甘肃东部、新疆西部和南部、西藏西部、四川盆地北部、广东东部和福建南部的局部地区偏多 2~5 成,部分地区偏多 5 成以上;全国平均气温 19.8℃,较常年同期偏高 0.7℃,大部分地区气温偏高 0.5℃以上,江南北部、江淮、江汉大部分地区、黄淮中西部、陕西南部、内蒙古中北部、青海中部和东部、重庆、贵州北部偏高 1~2℃,仅新疆西北部局地、海南局地偏低 0.5~1℃。总体上,生长季气温偏高、降水略偏多,有利于植被生长,内蒙古东部、华北西北部、甘肃东部等北方地区气温偏高,降水偏多,植被长势较好。

MODIS 卫星监测表明,与 2009—2013 年植被生长季相比,东北中部和东南部、内蒙古东部和中南部、华北西部和北部、西北东部部分地区、新疆北部、西藏东南部、华南北部部分地区、江南中南部、江汉西部和中南部、贵州东部等地的大部分地区植被长势较好,黑龙江北部、河北南部、河南大部分地区、安徽中部、云南大部分地区、贵州西北部、四川东部和西部、青海东部和南部等地植被长势较差,其余大部分地区植被长势接近 2009—2013 年同期(图 4.4)。

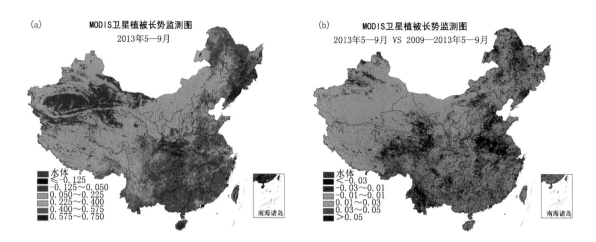

图 4.4　2013 年植被生长季(5—9 月)全国植被指数(a)及其与 2009—2013 年同期平均植被指数差异(b)分布

Fig. 4. 4　Distribution of vegetation index in growing season (May to September) of 2013 (a) and difference of vegetation index between 2013 and 2009—2013 (b) in China

第5章　抗旱减灾重大服务

2013 年,面对高温干旱的影响,气象、水利等部门采取多方面措施,加强抗高温干旱防灾、减灾工作,努力减轻干旱的影响和损失,取得了抗旱减灾工作的重大胜利。

5.1　气象部门抗旱减灾重大服务

5.1.1　加强高温干旱防御组织领导

党中央、国务院高度重视抗旱工作。习近平总书记对抗旱救灾做出重要指示,李克强总理主持召开国务院常务会议,听取抗旱防汛工作专题汇报,并做出安排部署。汪洋副总理专程到湖南旱区检查指导抗旱工作,并与贵州防汛抗旱指挥部视频会商旱情,安排部署抗旱工作。国务院办公厅向有关省(市)发出通知,部署高温干旱防御应对工作。中国气象局及时召开全国气象部门视频会议,传达落实党中央、国务院关于高温天气的重要批示精神。国办发明电〔2013〕21 号印发后,中国气象局及时转发,并从 7 个方面对高温干旱防御气象服务工作进行部署,分别启动高温Ⅱ级、干旱Ⅲ级应急响应。郑国光局长带领工作组赴重旱区湖南调研指导,并派出专家组赶赴湖南、浙江等地进行旱情调查,指导高温干旱防御气象服务,旱区气象部门积极采取措施,开展抗旱减灾服务。

5.1.2　高温干旱监测预警

高温、干旱影响期间,安徽省气象局累计向安徽省委、省政府及相关部门报送决策服务材料 540 期;安徽省气象台共发布高温预警信号 41 次,干旱预警信号 3 次,市、县气象部门累计发布预警信号 288 次。全省气象部门向预警责任人发送预报预、警短信累计 1183 万人次,每天向 350 万公众用户发布预报、预警短信,通过广播、电视、网站、微博、电子显示屏、乡村大喇叭等多种渠道向社会公众发布预警信息。同时,积极开展旅游、交通、电力、森林防火等专项服务。

贵州省各级气象部门按照"防灾减灾,气象先行"的工作理念,严密监测旱情发展。贵州省气象台 7 月 23 日发布干旱橙色预警信号、8 月 7 日发布干旱红色预警信号,组织开展抗旱重大天气会商 8 次;先后通过手机短信和各种媒体发布干旱预警信息 1753 期、高温预警信息 436 期。

针对 7 月以后湖南出现的持续晴热高温天气,湖南省各级气象部门加强高温、干旱监测,及时发布高温、干旱预警信号。7—8 月,湖南省气象局共发布高温干旱预警信号 45 期,《高温干旱监测报告》等各类抗旱救灾决策服务材料 71 期,并在第一时间报送湖南省委、省政府、省防汛抗旱指挥部及相关部门,为政府指导全省抗旱提供了科学的决策依据。

针对 7 月 30 日至 8 月 20 日的高温干旱,江西省气象台先后发布 2 次高温黄色预警信号、16 次高温橙色预警信号、5 次高温红色预警信号和 5 次干旱预警信号。全省各市、县级气象部门发布预警信号累计 1285 次。

5.1.3　提早启动应急响应

针对高温、干旱发展形势,安徽省气象局在 7 月 30 日 16 时启动重大气象灾害(高温)应急预案

Ⅲ级响应;8月9日17时,将重大气象灾害(高温)Ⅲ级应急响应提升为Ⅱ级响应;8月13日10时,启动了重大气象灾害(干旱)应急预案Ⅲ级响应。

贵州省气象局于7月23日启动干旱灾害Ⅳ级应急响应,7月30日升级为Ⅲ级应急响应,8月7日升级为Ⅱ级应急响应,8月23日降为Ⅳ级响应。8月24日解除干旱应急响应,响应时间33天。各级气象部门职工发扬不怕疲劳、连续作战的作风,全力做好应急值守,打好抗旱救灾这场硬仗。

湖南省气象局分别于7月29日、30日启动气象灾害(干旱、高温)应急预案Ⅱ级响应。各相关职能处室、省局直属单位和相关市(州)气象局迅速进入应急响应状态,并严格按照应急响应工作流程做好各项工作。

江西省各级气象部门于7月30日16时进入重大气象灾害(高温)Ⅳ级应急响应状态,7月31日17时升级为Ⅲ级应急响应,8月10日16时提升为Ⅱ级应急响应;8月7日启动重大气象灾害(干旱)Ⅲ级应急响应。8月20日11时、17时先后解除高温、干旱应急响应。应急响应期间,各级气象部门按照应急预案要求,实行主要负责人领班和带班制度,严格执行24小时应急值班制度,积极参加天气会商。江西省气象局在启动重大气象灾害应急响应后,及时向省内26个应急联动单位报送预警信息5期,并报送监测实况及预报,各有关部门按照《江西省气象灾害应急预案》和《气象灾害防御部门联动和社会响应指南》开展了应急响应和联动。

5.1.4 做好决策气象服务

高温干旱期间,安徽省气象局准确预报预警、科学评估,为政府应对工作赢得了先机,充分发挥了抗旱决策"指挥棒"作用。7月22日,安徽省气象台向安徽省委、省政府提供的《一周天气趋势》明确指出,"23日后全省转为晴热高温天气";7月30日提供的《天气情况快报》中指出,淮北东部及江南东部19个县(市)已开始出现轻度干旱,8月上旬高温持续,强度增强,气象干旱将加速发展。安徽省委、省政府高度重视高温干旱应对工作。8月2日上午,安徽省副省长、省防汛抗旱指挥部总指挥梁卫国主持召开省防汛抗旱指挥部指挥长会议,部署应对当前持续高温天气;2日下午,安徽省委常委、常务副省长詹夏来主持召开会议,研究部署省高温热害防控工作;6日下午,安徽省政府召开全省持续高温天气应对工作电视电话会议,安徽省防汛抗旱指挥部18时启动安徽抗旱预案Ⅳ级响应;9日上午,安徽省副省长、省防汛抗旱指挥部总指挥梁卫国主持召开抗旱异地视频会议;10日,安徽省省委书记张宝顺做出重要批示;19日上午,安徽省政府召开全省抗旱工作电视电话会议。

贵州省气象局于6月28日向贵州省委、省政府及有关部门报送的《气象信息报告》指出,"我省将进入晴热少雨时段";在7月12日的《重要气象信息专报》中指出,"未来一周晴热少雨,我省干旱继续加重",建议"科学管理和调度水、电资源""当前是水稻和玉米等作物生长发育关键时期,水源条件允许的地区要适时灌溉"。干旱期间,贵州省气象局先后向贵州省委、省政府及有关部门报送《重要气象信息专报》《气象信息报告》等决策气象服务材料81期,干旱专题服务材料39期;贵州省气象局主要负责人当面向省委、省政府主要领导专题汇报3次;各市(州)、县气象部门报送决策服务材料2269期;及时通过手机短信为各级党委、政府、相关部门领导及有关责任人和信息员发送决策服务信息,服务近230万人次。贵州省气象局还派出3个督查组深入基层台站和人工影响天气作业炮站,检查抗旱气象服务工作,并慰问一线作业民兵。全省气象部门上下一心,团结协作,竭尽全力履行职责,在决策服务、应急处置等方面发挥重要作用,赢得各级党委、政府和有关部门以及社会公众的肯定和赞誉。

江西省气象部门及时主动向当地党委、政府和相关部门通报天气情况,提出防范措施建议。首席预报员和各级预报领班24小时在岗负责把关,及时提供最新预报、预警信息和灾情信息。各业务岗位按职责全程做好实时监测、滚动预报、准确预警、业务监控、跟踪服务和影响评估工作。截至

8月20日,江西省气象局针对高温天气向江西省委、省政府报送《气象呈阅件》8期,《气象情况反映》1期;各市、县气象部门向当地党委、政府和有关部门累计报送决策服务材料200期。

5.1.5 强化部门联动

安徽省气象局7月30日、8月8日2次召开高温天气联合会商,与省政府应急办、水利、农业、住建、交通、旅游等13个部门共同商讨应对持续高温天气工作;安徽省防汛抗旱指挥部成立5个抗旱督查组赴受旱地区督查抗旱工作,其中安徽省气象局带队,相关厅局人员参加,赴合肥、六安、马鞍山等市、县督查。高温干旱影响期间,各部门在联合会商的基础上,认真贯彻省委、省政府的部署,积极采取应对行动。安徽省卫生厅8月2日转发国家卫生计生委《关于做好高温天气医疗卫生服务工作的通知》(国卫发明电〔2013〕5号),就近期高温天气医疗卫生服务和中暑预防控制工作进行部署;安徽省旅游局8月2日下发《关于切实做好持续高温天气应对工作的通知》;安徽省电力公司8月5日召开切实做好持续高温天气电网安全应对工作紧急电视电话会议;安徽省民政厅8月12日18时启动安徽省Ⅳ级救灾应急响应;安徽省防汛抗旱指挥部8月6日18时起对淮河以南各市启动安徽省抗旱预案Ⅳ级响应,12日10时将应急响应提升为Ⅲ级。

贵州省气象局4次牵头组织省政府应急办、省水利厅、省农委、省民政厅、省经信委、省电网公司等多个部门参加的服务会商会,对干旱影响进行分析研判,共商应对措施;贵州省政府明确要求,民政、气象、国土、水利等部门要健全完善水旱灾害突发事件发布制度,及时向社会和有关方面发布灾害预报预警信息。干旱期间,贵州省减灾委、省民政厅、省水利厅、省农委、省气象局对干旱灾情进行了4次会商,受灾情况经会商核定后及时向社会发布。各市(州)、县开展多部门服务会商145次,与民政、水利、农委等部门会商灾情216次。

湖南省气象局8月先后2次召开全省气象灾害预警服务部门联络员会议,多部门联动共同应对高温干旱的影响,联合湖南省农业厅发布《为农气象服务专题》8期。

5.1.6 高效开展立体人工增雨作业

安徽省气象局认真贯彻安徽省领导重要批示和安徽省政府专题会议精神,抢抓一切有利天气条件,开展立体人工增雨作业,改善旱区土壤墒情。一是加强空域协调。安徽省气象局加强与南京军区空军司令部航空管理处等部队空域管制部门的联系沟通,积极争取支持,为皖南重旱地区开展人工增雨作业打通"绿色通道"。二是组织"北箭南调"。安徽省气象局于8月上旬及时启动跨区域作业支援预案,组织"北箭南调",全力支援皖南旱区开展人工增雨作业。三是组织飞机增雨。安徽省气象局加强与广州军区空军第13师、空军安庆场站等有关部门的沟通联系,21日9时支援安徽省开展抗旱保苗飞机人工增雨作业的20746机组顺利飞抵安庆机场。四是开展立体作业。干旱期间,增雨机组在安徽省安庆、六安、铜陵、合肥、宣城、黄山、滁州、亳州、阜阳、蚌埠、马鞍山、池州等地累计实施飞机人工增雨作业11架次,飞行13小时40分钟,燃烧烟条90根,发射增雨烟弹200枚;各市累计实施地面高炮、火箭人工增雨作业426点次,发射炮弹220发、火箭弹2418枚,播撒烟条160根;全省累计作业影响区面积约13.38万平方千米,累计增加降水约7.6亿吨。

贵州省各级气象部门做到火箭、高炮、飞机等装备就位,人员随时待命,把握一切有利天气条件开展人工增雨工作。贵州省人工影响天气办公室加强部门协作,向民航、部队6次发函协调空地作业时间;积极协调四川、云南省增雨飞机支援贵州抗旱增雨作业。干旱期间,共实施飞机人工增雨作业16架次(四川省气象局支援贵州省实施增雨作业1架次),地面人工增雨作业1092次,发射人工增雨炮弹20756发、火箭弹1158枚,播撒碘化银烟条138根,累计作业影响面积约35.1万平方千米。另外,加强蓄水作业,针对贵州省大中型水库、电站所属主要流域——乌江流域实施飞机人工增雨作业2架次,地面增雨作业109次,发射人工增雨炮弹1519发、火箭弹131枚。

7月以后,湖南省气象部门抢抓有利时机,积极开展人工增雨作业。截至8月29日,全省14市(州)82县(市、区)作业1826次,发射炮弹21976发、火箭弹2325枚,累计影响面积7.2万平方千米,增加降水约7.6亿吨。同时,开展飞机增雨作业,共作业12架次,飞行时间30小时,飞行距离达1万千米,燃烧碘化银烟条120根,作业影响区域面积累计达5万平方千米,影响区域大部分降中雨,局地大雨,有效缓解了当地旱情。14日13时至16日晚,针对娄底、邵阳地区出现森林火灾,娄底、邵阳、冷水江、新化、新邵县人工影响天气办公室始终坚守在火场附近炮点,抢抓时机,相继开展人工增雨作业,作业后新化油溪降雨量达35毫米、洋溪21.6毫米,冷水江火场周围三尖13.5毫米、禾青8.8毫米、潘桥16毫米。16日晚,新化维山、炉观、洋溪明火被扑灭,冷水江禾青至三尖一线长达6天之久的山火火势基本得到控制。

江西省气象部门瞄准时机,高效作业,大大缓解了旱情。7月13—15日,赣州、吉安、抚州、萍乡、宜春、新余、鹰潭、上饶、南昌、九江10个设区、市的34个县(市、区)共开展人工增雨抗旱作业53次,累计作业影响面积约1.6万平方千米。

5.1.7 多渠道发布气象信息

高温干旱期间,安徽省气象局组织3次高温天气新闻通气会,通过新闻媒体向全社会发布高温信息和防高温措施。在安徽农网制作"应对高温天气"服务专栏,涵盖政府举措、地方动态、气象服务、农技指导和防暑指南等栏目。组织安徽省气象台、气象科学研究所和省农委专家做客安徽农网专家在线,解答网民朋友咨询的疑难问题。拓展多种服务手段,通过网站、手机、电话、自助终端等方式,及时发布高温预警信息,宣传应对高温科普知识以及农业生产应对高温的指导建议。

贵州省气象局在干旱期间播出《气象万千》《百姓气象站》等节目62期,对干旱的发生、发展及缓解进行跟踪服务。通过官方"黔气象"微博,发布各种预报、预警信息1100余条;群发预警、温馨提示手机短信145次,共计服务6870.7万余人次,12121信箱的声讯拨打总数63.4万次;通过万村千乡网页发布乡镇天气预报32356条,通过农信通短信发布农事天气预报16665条,推送抗旱技术信息45条,服务用户500万人次。新华网、人民网、中国广播网、中国新闻网、搜狐网、腾讯网、光明网、《贵州日报》《贵阳晚报》《贵州都市报》及金黔在线等中央和地方媒体刊发、转载气象部门关于高温少雨及抗旱救灾等稿件百余篇次,在贵州气象在线、天气网贵州站等媒体报道贵州干旱监测情况及未来天气趋势,更新稿件1200余篇,累计点击率达11万。

湖南省气象局联合移动、联通、电信三大通信运营商,落实气象预警信息发送"绿色通道"。召开新闻发布会,及时向湖南媒体发布高温干旱和台风对湖南的影响及应对措施,湖南卫视、《湖南日报》、红网、金鹰955广播电台等10余家媒体向社会公众进行广泛宣传报道。

江西省气象服务中心在日常电视天气预报节目中开辟高温气象服务专栏。加强与媒体合作,通过电视、电台滚动插播各类预警信息累计800余次,在中国气象频道本地化业务滚动插播各类预警信号。在中国天气网、江西气象网上制作高温气象服务专题各2期,还利用腾讯、新浪、人民网气象微博及微信实时发布、插播高温预警天气服务信息及科普知识等。

5.2 水利部门抗旱减灾重大服务

在党中央、国务院的高度重视和坚强领导下,国家防汛抗旱总指挥部和水利部周密部署、科学决策、优化调度,各有关部门团结协作、密切配合、大力支持,旱区各级党委和政府加强领导、强化措施、有效应对,组织动员广大干部群众全力以赴抗旱减灾,确保旱区群众饮水安全和全国粮食丰收,维护旱区社会稳定,夺取了抗旱工作的全面胜利。据统计,2013年全国投入抗旱劳力5464万人,开动机电井 564 万眼、泵站 17.4 万处、机动抗旱设备 620 万台(套),出动各类运水车 218 万辆。全年累计投入抗旱资金 180 亿元、抗旱用电 75.8 亿千瓦时、用油 30.5 万吨,完成抗旱浇地面积 2467 万公顷,抗旱挽回粮食损失 3993 万吨,经济作物损失 507 亿元。通过采取各种应急措施,解决 2007 万农村群众和 936 万头大牲畜的临时饮水困难,保障了旱区群众的生活用水安全。通过实施引黄入冀、珠江枯水期水量调度等应急调水,确保了沧州、衡水、澳门、珠海等城市供水安全,取得良好的社会效益和生态效益。

5.2.1 高度重视,切实加强组织领导

党中央、国务院高度重视抗旱工作。国家防汛抗旱总指挥部副总指挥、水利部部长陈雷和国家防汛抗旱总指挥部秘书长、水利部副部长刘宁多次组织召开专题会商会,分析研判旱情发展趋势,部署各阶段抗旱工作。国家防汛抗旱总指挥部先后 8 次下发通知对抗旱工作进行部署,并陆续派出 50 多个工作组深入云南、贵州、湖南、湖北、重庆、安徽、江西、浙江、江苏、四川、河南等重旱地区了解旱情,协助指导抗旱工作。

旱区各级党委、政府把抗旱作为保粮食安全及社会稳定的大事来抓。云南省防汛抗旱指挥部启动抗旱 II 级应急响应,尽最大努力保障云南省抗旱救灾工作有序、有效开展。高温伏旱期间,湖北省多次召开防汛会商会研究抗旱问题,湖北省防汛抗旱指挥部启动抗旱 III 级应急响应,并派出 42 批次工作组赴旱区督导,协调水事纠纷,解决实际困难,推进抗旱减灾。湖南省委、省政府多次专题研究部署抗旱救灾工作,启动抗旱 II 级应急响应,并派出 14 个督查组对各地抗旱救灾工作进行专项指导、督查。贵州省委和省政府多次召开省委常委会议、省政府常务会议、省政府专题会议及省防汛抗旱指挥部成员会议、省减灾委成员会议等,研究部署抗旱救灾工作,贵州省防汛抗旱指挥部启动干旱灾害 III 级应急响应,贵州省减灾委、省民政厅启动 II 级救灾应急响应,全力以赴抗旱减灾。抗冬春旱期间,甘肃省防汛抗旱指挥部启动 IV 级抗旱应急响应,省水利、农牧、民政等部门共派出 20 多个工作组,分赴各受旱地区督导抗旱减灾工作。为应对高温伏旱,安徽省防汛抗旱指挥部及时制定了《安徽省淮河以南近期抗旱工作预案》《安徽省近期抗旱工作预案》,分片进行用水分析,编制抗旱浇灌方案,提出具体指导意见。浙江、重庆、四川、广西、江苏、陕西等省(区、市)把抗旱减灾作为中心工作来抓,提前对抗旱工作进行部署,努力减轻干旱影响和损失。

5.2.2 突出重点,全力保障饮水安全

2013 年我国部分山丘区因旱群众饮水困难问题十分突出,且持续时间较长。旱区各级党委、政府始终坚持以人为本,把确保群众饮水安全放在抗旱工作首位,千方百计采取措施,全力解决群众饮水难题。云南省将供用水计划从 2013 年 6 月 30 日开始倒排,按省会城市所在地、州市政府所在地、县城、乡镇、广大农村 5 个层次,分析全省供需用量平衡状况,针对供水较为紧张的昆明市主城区、7 个县城和广大山区及半山区,及时采取措施,提供组织、技术、物资及人员保障。湖北省抗旱服务队投入 3.15 万人,出动设备 2.9 万台(套),引提水 2.5 亿立方米,掘井 1840 口,临时解决 38 万人饮水困难,随州、咸宁、襄阳、宜昌等市调集 59 支县级抗旱服务队,累计出动拉水车 9263 辆次,最远送水距离 30 千米,全力解决群众饮水困难。贵州省组织动员民兵预备役人员、武警消防官兵、县级抗旱服务队以及党员、共青团员、青年志愿者拉水和送水,积极帮助鳏寡老人、留守儿童及生活在深山区、石山区的困难群众解决生活用水问题。甘肃省采取"市县乡村一本台账,四级单位统一管理入户"的群众饮水困难核查制度,准确掌握群众饮水困难动态和趋势,组织动员抗旱服务队、驻地部队、厂矿企业等为缺水学校、缺少劳力的困难户和孤寡老人拉运送水,累计解决 88.9 万人次的临时饮水困难。陕西省对部分高耗水企业实行限量供水,适时停止农业生产供水,采取错峰供水、启用临时应急供水井、开挖取水井等方式全力保证城市生活用水安全。安徽省出动抗旱服务队 66 支,

解决 13.6 万人饮水困难。宁夏回族自治区在红寺堡、盐池、同心以及南部山区新建或扩建饮水安全工程和自来水入户工程,加强人饮工程及水源工程维修,缓解人畜饮水压力。

5.2.3 科学调度,着力保障抗旱用水

为保证澳门、珠海及河北省衡水、沧州等城市和沿线农业用水需求,有效缓解衡水湖、大浪淀等湿地生态用水紧张形势,国家防汛抗旱总指挥部组织有关流域机构实施 2012—2013 年度引黄入冀应急调水及珠江枯水期水量调度工作,引黄入冀调水历时 46 天,河北省收水 2.156 亿立方米,圆满完成应急调水目标,满足了河北省衡水、沧州和廊坊等城市供水及沿线地区的农业用水需求;通过 2012—2013 年度珠江枯水期水量调度,珠海抽取淡水 1.75 亿立方米,向澳门供水 0.4 万立方米,保障了澳门、珠海等地供水安全。针对长江中下游部分地区的冬春旱,长江防汛抗旱总指挥部精心做好三峡水库枯期补水调度,累计向下游补水 105 亿立方米,发挥了明显的枯期补水效用。黄河防汛抗旱总指挥部统筹协调输沙和下游引黄用水需求,科学调度小浪底和西霞院水库,增加了中下游夏播抗旱用水,有力支援了沿黄地区抗旱保灌工作。为维持太湖合理水位,保障流域冬春供水安全及应对严重高温干旱,太湖防汛抗旱总指挥部 2 次组织实施引江济太水量调度,通过常熟水利枢纽调引长江水 16.8 亿立方米,通过望亭水利枢纽引水入湖 9.3 亿立方米,通过太浦河向下游增加供水 7.61 亿立方米,保障了流域的供水安全和生态安全。

旱区各地强化抗旱水源调度,通过水库放水、涵闸引水、泵站提水、渠道输水等综合措施以及河湖联调、湖库联调、库闸联调等多种手段,多引、多提、多拦、多蓄,全力保障抗旱用水。湖北省通过调度 3570 座水库放水、1.2 万处泵站提水、1210 座涵闸引水,冬春旱和夏伏旱两个时段分别提供用水 25 亿立方米和 62 亿立方米,基本保证了抗旱用水需求。湖南省防汛抗旱指挥部坚持防洪与抗旱兼顾、发电服从灌溉的原则,调度双牌、欧阳海、涔天河等大型水库科学蓄水保水,为保证农业灌溉,双牌、欧阳海水库从 7 月初开始停机保灌,提供灌溉用水 4.71 亿立方米,较常年多供水 0.82 亿立方米;为保证长、株、潭地区的用水安全,湖南省防汛抗旱指挥部从东江水库调水 2.33 亿立方米为株洲航电枢纽补水,确保了沿线城镇的生产、生活用水需求。贵州省兴建提水、引水、调水等抗旱应急水源工程 2421 处,派出 52 支抗旱打井队赴受灾地区找水打井,投入 43.40 万余处农村供水工程抗旱保供水,努力增加应急抗旱水源。安徽省抓住长江、淮河水位相对较高的有利时机,相继开启凤凰颈闸、新桥闸、裕溪闸、何巷闸等引水,累计引外水 5.2 亿立方米,调度沿江、沿淮 430 座固定泵站,累计抽水 12 亿立方米,有力保障了各地抗旱浇灌用水需要。山东省抓住黄河小浪底加大下泄流量的有利时机,抢引多蓄黄河水,累计引蓄黄河水 60.86 亿立方米,浇灌农田约 267 万公顷次,有效缓解了旱区水源紧张状况。抗御高温伏旱期间,江苏省充分运用江水北调、江水东引、引江济太三大调水系统,全力以赴跨流域调水,累计引水 135 亿立方米,有效保障了沿江和淮北地区灌溉用水需求。

5.2.4 加大投入,有力支持抗旱减灾

中央和地方各级政府加大抗旱投入,支持旱区做好抗旱减灾工作。2013 年全国累计投入抗旱资金 180 亿元,其中中央和地方各级财政投入 53.50 亿元。中央财政安排特大抗旱补助费 23.50 亿元支持旱区抗旱,15.66 亿元用于各地开展抗旱应急水源工程建设,7.84 亿元用于 392 支县级抗旱服务队购置抗旱设备。

受旱地区也加大投入力度,及时解决抗旱工作中的困难和问题。湖北省投入抗旱资金 15.10 亿元,其中省财政拨专款 6600 万元。湖南省紧急安排省级经费 5000 万元支持各地抗旱救灾,各市、县级财政积极筹措抗旱资金 5.32 亿元,旱区群众自筹资金 15.61 亿元投入抗旱减灾。甘肃省防汛抗旱指挥部、财政、水利部门紧急下放 9600 万元特大抗旱补助资金,支持重旱地区修建抗旱应急水源工程和购置抗旱设备;民政部门下放旱区自然灾害生活补助资金 6000 万元,用于解决困难群众

饮水等生活问题;农牧部门下拨 600 万元资金用于改种所需的种子和农资补助。安徽省无为县、贵池区及时出台政策,对渠道清淤、应急打井给予经费补助;凤阳、寿县明确规定对提水泵站油、电费进行全额补助。河北省统筹安排中央和省级财政抗旱资金 7000 万元,建设黑龙港地区 10 个县1000 处咸淡水混合灌溉井组、3 处提水泵站、1259 眼抗旱机电井及 300 处农村"五小"工程。宁夏回族自治区共下拨抗旱资金 6090 万元,支持各地开展抗旱保春播、保人饮工作;西吉、彭阳、海原、沙坡头等县(区)在财政十分困难的情况下,多渠道筹措应急资金 5000 多万元,全力解决城乡居民的饮水困难。

5.2.5 迅速行动,全面开展抗旱服务

旱区各级抗旱服务队深入田间地头,大力开展小型、微型抗旱水源建设,出动流动抗旱设备全力开展抗旱浇灌,为群众拉水送水,受到旱区干部群众的高度赞扬。据统计,南方高温干旱期间,旱区 864 支抗旱服务队共投入抗旱人员 18 万人次、设备 42 万台次、送水车 4.2 万辆次,累计打井 2985眼,拉水送水 17 万吨,解决了 120 万旱区群众饮水困难。湖南省 125 支抗旱服务队积极开展拉水送水、疏浚渠道、应急打井、维修抗旱设备等服务,为群众排忧解难;湖北省调集 62 支县级抗旱服务队,对水利死角、山坡岗地开展流动灌溉,累计浇灌旱地 8.5 万公顷,对严重缺水的地方,出动运水车辆拉水送水,解决群众饮水困难。在冬春抗旱期间,甘肃省各级抗旱服务队累计投入抗旱设备2.2 万台(套)、机动运水车 4.39 万辆次,解决了 77.5 万缺水群众的临时饮水困难;河北省抗旱服务组织积极拓宽抗旱服务领域,在抗旱浇地、防洪排涝、设备租赁销售维修、小型抗旱节水工程建设、墒情旱情测报、防汛抗旱设备储存、节水抗旱技术应用推广等方面得到巩固和发展,赢得了社会和群众的认可,2013 年通过各项服务和业务指导,帮助群众浇地 38 万公顷次,打修机井 7723 眼,维修设备 2.2 万台(套)。

5.2.6 夯实基础,有效提升应急能力

针对抗旱工作的实际需要,国家防汛抗旱总指挥部办公室会同有关部门下大力气推进抗旱基础工作,在组织各省(区、市)编制完成省级抗旱规划实施方案的基础上,会同国家发展改革委、财政部、农业部等部门编制完成《全国抗旱规划实施方案(2014—2016 年)》,2 次向汪洋副总理进行汇报,并上报国务院审批。国家防汛抗旱总指挥部组织长江防汛抗旱总指挥部、松花江防汛抗旱总指挥部、太湖防汛抗旱总指挥部编制完成了《嘉陵江水量应急调度预案》《松花江水量应急调度预案》《太湖抗旱水量应急调度预案》,进一步完善了流域抗旱预案体系。长江防汛抗旱总指挥部组织专门力量,对流域抗旱应急预案进行研究,在已印发的《长江流域防汛应急预案》的基础上,增加抗旱应急预案内容,形成《长江流域防汛抗旱应急预案》,保证了抗旱及救灾工作的高效有序。松花江防总选取洮儿河流域和辽宁省朝阳市作为试点,开展松辽流域旱灾规律的研究,试点地区开展干旱频率、旱灾损失、抗旱能力计算、旱灾风险评估及风险图编制等工作。辽宁省防汛抗旱指挥部办公室举办抗旱知识培训班,面向各级抗旱管理人员开展《辽宁省干旱与管理》《抗旱基本措施》和《抗旱信息与管理》3 个专题培训,提高了抗旱应急管理水平。湖北省人大将《抗旱条例》列为年度立法计划,先后组织 5 次调研,多次修改文稿,形成草案,并经湖北省政府常务会讨论通过,正式进入立法程序。陕西省防汛抗旱指挥部组织开展全省 79 处主要江河、水库旱限水位研究,21 处研究成果在抗旱应急水源监测中发挥了重要作用。河北省对市、县级的抗旱预案进行修订,进一步明确各成员单位的抗旱工作职责,对抗旱应急响应部分做了调整,大幅度提高了应急保障能力。贵州省大力推进抗旱预案体系建设,完成了省、市(州)、县 3 级抗旱应急预案及贵阳市等 13 个建制城市抗旱专项预案。

第6章 全球气象干旱

6.1 概况

2013 年全球气温持续偏高,高出 20 世纪平均值 0.62℃(表 6.1)。美国国家海洋和大气管理局(NOAA)发布的 2013 年气候评估报告指出,2013 年与 2003 年并列为第四个最暖年份(1880 年以来),气温异常偏高的地区主要位于澳大利亚、北美洲北部、南美洲东北部、非洲北部以及欧亚大陆的大部分地区(图 6.1)。夏季,北半球许多国家和地区出现持续高温热浪天气。6 月 17—19 日,酷暑天气席卷德国,大部分地区最高气温在 35℃ 以上,19 日法兰克福气温近 40℃,部分高速公路因高温拱起破裂。6 月 18 日,美国阿拉斯加州最高气温达 34.4℃,破 1969 年以来历史纪录;7 月中期,美国大部分地区遭受高温热浪袭击,至少 6 人死亡。7 月上中旬,英国遭受持续高温热浪袭击,至少 760 人因酷热死亡。8 月初,意大利避暑胜地阿尔卑斯山南麓出现 40℃ 高温;印度安得拉邦最高气温达 47℃,热浪共造成该邦 1100 多人死亡。7—8 月,日本东京连续多日出现 35℃ 以上高温,创下近 150 年来高温日数纪录,数万人中暑,数十人死亡。全年降水偏少地区主要分布在美国西部、南美洲南部、欧洲局地、中国南方、大洋洲大部分地区和南非等地(图 6.1)。整体来看,2013 年旱情并非很严重,旱区主要位于中国南部、美国加利福尼亚州、澳大利亚、印度西部以及欧洲局部地区(德国和奥地利)。

表 6.1 1880—2013 年全球陆地和海洋平均气温前十排名
Table 6.1 Top 10 of the warmest years in global during 1880—2013

排名	年份	气温距平(℃)
1	2010	0.66
2	2005	0.65
3	1998	0.63
4(并列)	2013	0.62
4(并列)	2003	0.62
6	2002	0.61
7	2006	0.60
8(并列)	2009	0.59
8(并列)	2007	0.59
10(并列)	2004	0.57
10(并列)	2012	0.57

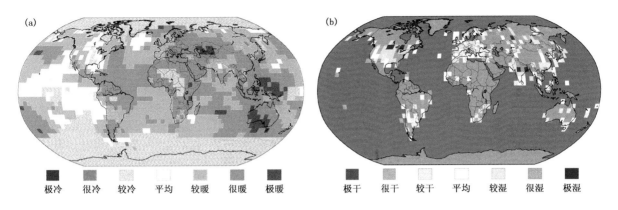

图 6.1 2013 年平均气温(a)和降水(b)百分位异常的全球分布(来源：NOAA)

Fig. 6.1 Global distributions of anomalous mean temperature (a) and precipitation (b) percentiles in 2013

6.1.1 中国南方干旱

2013 年夏季，中国南方发生大范围的高温伏旱，长江以南大部分地区出现了历史罕见的持续高温少雨天气，持续时间长，范围特别广，温度异常高。江南大部分地区、华南北部一些气象站的极端最高气温和平均气温均超过历史同期最高纪录，南方地区 38℃以上的酷热天气日数为近 50 年来之最，并连续出现超过 40℃的酷暑天气。高温少雨天气使得中国南方地区旱情发展迅速。数据显示，高温区域降水较常年同期偏少 52.6%，贵州、湖南降水量均为 1951 年以来最小值，平均气温则为 1951 年以来最高值。气象卫星遥感监测结果显示，2013 年 7 月鄱阳湖、洞庭湖水体面积比 2012 年同期分别减少 25%和 34%，鄱阳湖提前 40 天进入枯水期。持续高温干旱少雨天气，导致湖南、贵州、重庆、浙江、江西、湖北、安徽等南方多省(市)农业生产不同程度遭受高温热害和干旱的叠加影响，一季稻、玉米、棉花以及蔬菜、茶叶等作物受灾重于 2012 年和常年同期。截至 8 月上旬，湖南、贵州、重庆等南方 13 省(市)耕地受旱 649.13 万公顷，作物受旱 593.53 万公顷(重旱 180.80 万公顷、干枯 718.00 万公顷)，待播耕地缺水、缺墒 55.60 万公顷，有 956 万人、318 万头大牲畜因旱发生饮水困难。直至 8 月中旬，旱区降雨逐渐增多，8 月下旬台风"潭美"带来的充沛降水使长江中下游大部分地区旱情得到有效缓解，但前期高温干旱对一季稻、玉米等秋收作物造成的危害已无法挽回。

6.1.2 澳大利亚林火肆虐

2013 年是澳大利亚自 1910 年有记录以来气温最高的一年，热浪滚滚、林火肆虐。2012—2013 年夏天是澳大利亚历史上最热的夏季，春季气温也达到有记录以来最高值，冬季气温排在同期第三位高值。这致使 2013 年年平均气温比历史平均气温高出 1.2℃。2013 年 1 月上中旬，澳大利亚连遭高温热浪袭击。1 月 3 日，南澳大利亚州与昆士兰州部分地区气温逼近 50℃；7 日，悉尼气温高达 42℃，超过 1972 年以来最高纪录。持续高温引发塔斯马尼亚州、西澳大利亚州、南澳大利亚州、维多利亚州和新南威尔士州等 5 个州多次出现山林大火，位于最南端的塔斯马尼亚州 100 多座房屋被烧毁，约 2 万公顷森林和农田以及 100 多处民宅被烧毁，更有约 100 人在大火中失踪；新南威尔士州上万只羊被烧死。1 月 18 日，热浪再次袭击澳大利亚，新南威尔士州和维多利亚州山林大火失控。

6.1.3 欧洲高温干旱

2013 年夏季，北半球许多国家和地区出现持续高温热浪天气。6 月 17—19 日，酷暑天气席卷德国，大部分地区最高气温在 35℃以上，19 日法兰克福气温近 40℃，部分高速公路因高温拱起破裂。7 月上、中旬，英国遭受持续高温热浪袭击，13—18 日，伦敦连续 6 天最高气温不低于 30℃。由于欧洲多为温带海洋性、温带大陆性以及地中海气候,夏季气温相对温和,因此,气温陡然上升,敏感人群难以适应,至少760人因酷热死亡。8月初,意大利避暑胜地阿尔卑斯山南麓出现40℃高温。

自6月开始,俄罗斯欧洲地区持续高温,气温比往年平均值高出4～7℃,超过30℃的日数达55天,罕见的高温炎热天气引发旱灾和森林大火,造成重大人员伤亡和财产损失。持续高温甚至造成俄罗斯南部一段铁轨受热变形,酿成事故。同时,多地7月降雨量比往年平均值偏少较大,如莫斯科7月降雨量仅为12毫米,是往年正常值的13%,也是120年来同期降雨量第二低值。高温干旱造成小麦等农作物产量下滑。此外,西伯利亚地区也出现了高温天气,世界最北的大城市、北极圈以北的第二大城市诺里尔斯克气温高达32℃。

6.1.4 美国高温干旱

自2013年年初至7月,高温干燥已引发美国西部地区多处山火。加利福尼亚州林业和消防部门已应对约2900起火灾,远高于以往同期平均水平(不足1800起)。进入夏季,西部多个州遭遇极端高温酷热天气,多个城市最高气温超过45℃。6月18日,美国阿拉斯加州最高气温达34.4℃,破1969年以来历史纪录;6月29日,美国加利福尼亚州死谷的最高气温飙升至54℃,直逼地表最高。温度57℃。西部地区降水的持续偏少和高温共同作用,使得美国中、西部地区干旱加剧。美国44%的领土受高温干旱影响,加利福尼亚州为有历史记录以来最干旱的一年,俄勒冈州为第四干旱年。7月中期,美国大部分地区遭遇高温热浪袭击,尤其是东北及中西部,部分地区气温达37.8℃,加之天气潮湿,实感温度达到40℃,至少致6人死亡,在没有冷气的纽约地铁站,室温达50℃。有19个州部分地区发布了高温警报。

6.1.5 日本高温热浪

2013年7—8月,日本各地普遍出现高温,东京连续多日出现35℃以上高温,创下近150年来高温日数纪录,数万人中暑,至少68人死亡。据日本气象厅消息,日本关东地区以西近50个地区观测到了有统计记录以来的最高气温。横滨市最高气温37.4℃,为1896年以来最高气温。8月12日,日本全国927处观测点中多处最高气温超过30℃,243处的最高气温在35℃以上,有十多个站点刷新了当地观测史上的最高纪录,位于四国地区的高知县四万十市的最高气温高达41℃,且最高气温连续3天超过40℃,刷新了日本国内观测史上的最高纪录。

6.1.6 印度西部遭遇40年来最严重干旱

2013年3月,印度西部马哈拉施特拉邦发生40年来最严重干旱,数百万人受灾。印度西部由于连续两年雨季降水量偏少,雨量不足使得库塘水位跌至历史最低点,是导致这次严重干旱的最直接原因。此次旱灾造成大片农作物枯萎绝产,数百万人受影响。当地不少工厂因水源短缺关闭,工人失业。该邦的奥斯马那巴德以及比德地区100多所学校停课放假,马拉特瓦达地区约20万学生的学习受到影响。包括老人和孩子在内,所有人都加入了"找水大军",在马哈拉施特拉邦,一场全民找水行动取代了原本正常的生活。干旱引发了饥荒,同时与水相关的疾病增多,饥饿和营养不良问题凸显。

进入夏季,持续高温热浪袭击了印度,局地气温甚至接近50℃,印度各大医院人满为患。由于热浪来袭,印度西部与北部大范围停电,居民纷纷抗议,甚至袭击电力公司大楼及其行政人员。8月初,印度安得拉邦最高气温达到47℃,热浪共造成该邦1100多人死亡。

6.2 全球重大气象干旱事件的特点及其成因

6.2.1 重大气象干旱事件的特点

目前,全球气候变暖毋庸置疑。IPCC 第五次评估报告指出,1880—2012 年,全球地表平均温度约上升了 0.85℃。在北半球,1983—2012 年可能是过去 1400 年中最暖的 30 年。2013 年 11 月 13日,世界气象组织发布的《2013 年世界气候状况初步报告》中,2013 年是自 1850 年有现代气象记录以来第十个最暖年份。美国 NOAA 发布的《2013 年气候报告》指出,2013 年是自 1880 年以来与2003 年并列第四暖的年份。全球大部分陆地的气温高于历史平均值,陆地和海洋表面的平均温度比 20 世纪平均值高出 0.62℃(表 6.1 和图 6.2),全球陆地平均温度高出平均值 0.99℃,海洋平均温度高出平均值 0.48℃。最高气温出现在南半球的澳大利亚,2013 年 1 月 7 日平均最高气温达40.3℃,南澳大利亚州的蒙巴当天最高气温达 49.6℃,创下历史新高。

2013 年 6—8 月,北半球许多国家和地区均出现持续高温天气。6 月 17—19 日,酷暑天气席卷德国,大部分地区最高气温在 35℃以上,法兰克福气温一度接近 40℃;6 月 18 日,美国阿拉斯加州最高气温达 34.4℃,破 1969 年以来历史纪录。8 月初,意大利"避暑胜地"阿尔卑斯山南麓出现40℃高温,印度安得拉邦最高气温达到 47℃,热浪共造成该邦 1100 多人死亡。亚洲,7—8 月,日本东京连续多日出现 35℃以上高温,创下近 150 年来高温日数纪录,数万人中暑入院治疗;中国出现有记录以来最热的 8 月(与 2006 年持平);韩国观测到第四最热的 7 月和最热的 8 月,创下夏季高温纪录(图 6.2)。

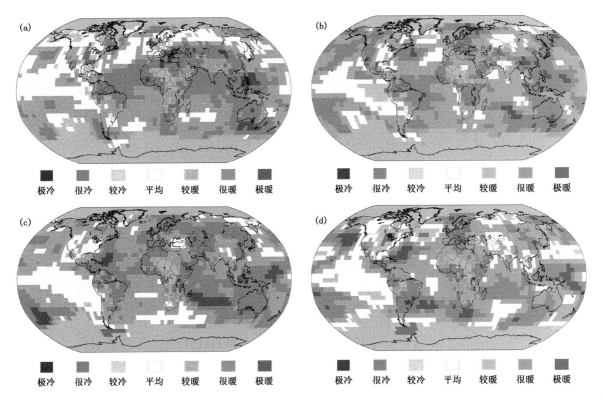

图 6.2 2013 年春(a)、夏(b)、秋(c)、冬(d)季的气温百分位异常全球分布(来源:NOAA)

Fig. 6.2 Seasonal distributions of temperature percentiles anomaly in 2013

降水方面,2013 年春季(3—5 月),美国中西部地区降水大范围减少;南美的巴西东部降水严重偏少,阿根廷北部及周边地区降水甚至出现破纪录的历史最低。2013年1月,中国降水出现了自1986年以来的历史低值。2013年夏季,中国南方大范围地区降水异常偏少,加之高温天气,导致南方多个省份出现严重的高温伏旱。欧洲地区夏季降水普遍偏少,奥地利7月降水只有历史平均降水的35%,是1858年有历史记录以来最干旱的一年,德国8月降水量比历史同期平均值偏少21%。夏季降水异常偏少,加之异常高温热浪天气,奥地利和德国等发生严重干旱。2013年9月是苏格兰自2003年以来最干旱的9月,降水量较1981—2010年的气候平均值偏低30%。美国中、西部地区虽然出现一些降水,但因夏季高温天气,旱情并未得到有效缓解,截至7月2日,美国44%的地区受到干旱影响,特别是西部地区,降水连续6个多月持续偏少;至11月,连续11个月降水偏少的累积效应使得加利福尼亚州干旱再次加重。进入9月,澳大利亚东部地区的降水较常年同期偏少,至南半球夏季(2013年12月至2014年2月),仍无降水发生,12月澳大利亚地区降水整体偏少,东北部的昆士兰州最为严重,干旱程度居1900年以来同期第三位(图6.3)。

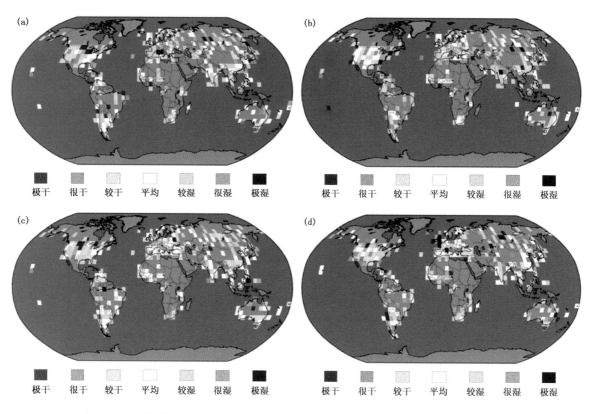

图6.3　2013年春(a)、夏(b)、秋(c)、冬(d)季的降水百分位异常全球分布(来源:NOAA)

Fig.6.3　Seasonal distributions of precipitation percentiles anomaly in 2013

6.2.2　大气环流

　　分析指出,大气环流异常是上述全球重大天气、气候事件发生的直接原因,太平洋海温异常通过海-气相互作用对大气环流异常产生重要影响。此外,在全球升温过程中,伴随着气温平均值及变幅的增大,极端天气、气候事件的发生概率增大,为全球许多国家和地区出现异常天气提供了有利的气候背景条件。

　　地处北半球的欧美,特别是温带海洋性气候的西欧,在历史同期多为"凉夏",2013年出现如此大范围、长持续时间、高强度的高温确实反常。造成此次大范围高温事件的元凶是"暖高压"。进入7月,西欧及北美等地持续受到暖高压控制(图6.4)。暖高压即暖性反气旋,其温度大于四周,范围随高度升高增大,具有稳定性、持久性,多出现在副热带地区,有时也出现在中高纬度地区,其控制区域盛行辐散下沉气流,对流活动较弱,烈日当空,高温持续发展。与往年相比,2013 年暖高压势力更强,且持续影响,是造成欧洲等地罕见高温的直接原因。俄罗斯水利气象中心研究室主任比尔曼认为,大气环流异常是导致此次高温的主要原因。高温持续近 2 个月是由于反气旋长时间停留在平流层所致,在距离地表 16 千米处的高空也能观测到高压带盘桓在俄罗斯中部。

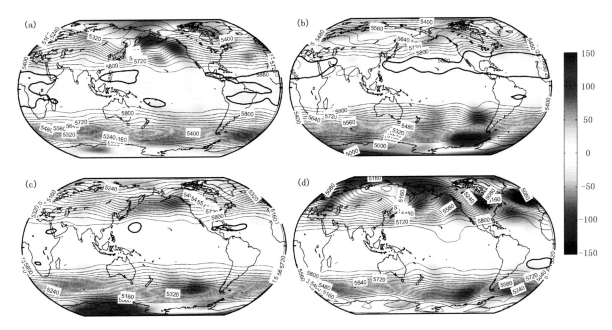

图 6.4　2013 年春(a)、夏(b)、秋(c)、冬(d)季 500 百帕平均位势高度场(线条)及其距平(阴影)(单位:位势米)

(数据来自 NCEP1 再分析资料)

Fig. 6.4　Distribution of geopotential height fields on 500 hPa (lines) and its anomalies (shadows)

in four seasons of 2013 (unit: gpm)

据我国国家气候中心分析资料显示,1 月上、中旬澳大利亚主要处于高压系统控制下,大气以下沉气流为主,天气晴好,地面能够接收更多的太阳辐射。太阳辐射的强烈加热作用导致大气温度持续偏高,是造成该地区高温频发的主要原因。

稳定盘踞的副热带高压是造成中国南方持续高温的"祸首"(图 6.4)。副热带高压是影响中国夏季气候的重要天气系统,2013 年副热带高压异常稳定,强度非常强,长时间徘徊在长江中下游地区,导致这些地区出现了异常高温天气。2013 年 7 月,南半球大气环流指数持续偏高,冷空气异常偏弱,使得南半球冷空气跨越赤道流向北半球的势力偏弱,不利于副热带高压减弱和位置的南北摆动,致使 2013 年 6 月下旬至 7 月整个长江流域以南地区受强大副热带高压主体控制。副热带高压控制区域盛行下沉气流,不易产生云雨,晴空万里,太阳直射,光照充足,气温高。如果副热带高压长时间停滞在一个地方,太阳长时间的照射将导致温度不断上升,持续的晴热少雨将导致干旱的发生。

2013 年异常偏少的台风活动也是中国南方发生干旱的一个重要原因。影响中国的热带风暴或台风是在西北太平洋中低纬度或中国南海海域生成的伴有大风和暴雨的天气系统,中心附近风力 8～9 级的是热带风暴,10～11 级的是强热带风暴,风力在 12 级以上的是台风。热带风暴或台风生成后,通常由南向偏北方向移动,对副热带高压产生一种推力,可以使副热带高压向北移动或减弱东移到海上,从而使得雨带发生摆动。赤道辐合带是台风的"摇篮"。2013 年 5 月以后,赤道辐合带不活跃,不利于台风活动;6—7 月,编号的热带风暴或台风有 4 个,登陆 2 个,较常年热带风暴或台风数量偏少(常年平均编号6个,登陆3个),且首次登陆中国的时间较常年明显偏晚1个月,这种生成、登陆数量偏少的异常情况使强度偏强、位置异常偏西的副热带高压更加稳定少动,是中国南方持续高温的原因之一。

此外,中国南海夏季风明显偏弱也不利于中国南方降水发生。中国南方夏季的西南风是夏季风,它在孟加拉湾、中国南海、东海海域发展起来,挟带着大量的水汽,形成所谓的南方暖湿气流。与1979年相似,2013年夏季中国南海夏季风明显偏弱,6—7月中国南海夏季风无法与北方冷空气在长江以南地区交汇。同时,6—7月中国的气温、降水分布也与1979年大致相似,长江流域以南地区降水偏少,温度偏高,北方地区降水偏多,温度偏低。2013年春季以后,中国处于厄尔尼诺减弱期,虽然赤道东太平洋海温转为负距平,但是大气环流仍表现为减弱的厄尔尼诺特征,仍影响副热带高压,使其强度偏强、位置偏西。

造成印度西部马哈拉施特拉邦干旱的主要因素是2011—2012年连续两年雨季的降水量偏少,雨量不足致使江河水位跌至历史低点。2012年夏季,印度季风开始时间略偏晚,整体强度偏弱,印度西部、西南部及北部的部分地区夏季风降水偏少,尤其在马哈拉施特拉邦,夏季风降水较常年同期显著偏少2~6成;到了冬季,印度西部降水仍持续偏少;至2013年3月,印度大部分地区降水偏少,西部降水异常偏少。降水量持续不足是导致印度西部干旱发展的重要原因。

6.2.3 海温

海温异常是重要的外强迫因子,通过海-气相互作用对全球及区域气候产生重要影响。2013年,赤道中东太平洋基本维持弱冷水状态,赤道西太平洋和海洋性大陆区的海温明显偏高,尤其是海洋性大陆区南部海温偏高更为显著(图6.5)。拉尼娜通常会造成北美部分地区特别是西部地区发生干旱。2013—2014年拉尼娜事件是加剧美国干旱的一个主要因素。2011年10月至2012年5月,赤道太平洋出现了拉尼娜事件;进入2013年,赤道东太平洋海温偏低,赤道西太平洋海温偏高,典型的拉尼娜事件贯穿全年(图6.5、表6.2)。与此同时,从2012年冬季开始,美国大陆降雪偏少,温度偏高;2013年春季和初夏,随着高温天气的频发,土壤水分蒸发更多,干旱愈加严重。

表6.2 各类ENSO指数

Table 6.2 ENSO indices

年份	月份	海温平均							
		NINO1+2	距平	NINO3	距平	NINO4	距平	NINO3.4	距平
2013	3	26.71	0.07	27.21	0.07	27.95	−0.24	27	−0.22
	4	24.74	−0.86	27.35	−0.15	28.47	−0.03	27.68	−0.10
	5	22.89	−1.38	26.39	−0.69	28.71	−0.08	27.57	−0.27
	6	21.48	−1.40	26.39	−0.64	28.76	−0.08	27.43	−0.21
	7	20.29	−1.33	26.39	−0.66	28.76	−0.04	26.91	−0.31
	8	19.66	−0.98	24.44	−0.55	28.71	0.03	26.54	−0.28
	9	20.16	−0.57	24.72	−0.13	28.70	0.01	26.65	−0.07
	10	20.16	−0.63	24.70	−0.21	28.70	0.04	26.36	−0.33
	11	21.06	−0.54	24.81	−0.17	28.91	0.27	26.65	0.01
	12	22.61	−0.20	25.10	−0.04	28.64	0.15	26.53	−0.04
2014	1	24.79	0.27	25.26	−0.37	28.14	−0.17	26.06	−0.51
	2	25.40	−0.75	25.56	−0.81	28.37	0.27	26.18	−0.55

来源:https://www.esrl.noaa.gov/psd/enso/enso.current.html

此外,受异常暖海温影响,海洋性大陆区的对流活动显著偏强;在赤道中东太平洋大部分地区,

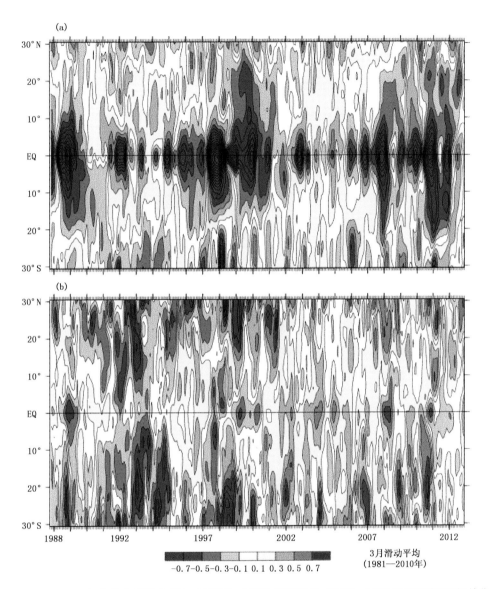

图 6.5　1988—2013 年热带太平洋东部(a,178°W—70°W)和西部(b,120°E—180°)海表温度距平(单位:℃)
的时间-纬度剖面(引自 NOAA)

Fig. 6.5　Time-latitude section of SST anomalies in the east (a,178°W—70°W) and west (b,120°E—180°) of
tropical Pacific for the period of 1988—2013 (unit:℃)

弱的低海温持续发展,使得日界线附近对流活动明显偏弱。由此,热带地区的沃克环流较常年同期
显著偏强,赤道西太平洋为异常上升运动控制,赤道中太平洋日界线附近为异常下沉运动控制。通
过经向垂直运动,赤道西太平洋的异常上升运动激发异常下沉运动控制东亚东部上空,使得副热带
高压不断增强并持续控制东亚东部地区,造成中国、日本和韩国等亚洲国家出现持续异常高温
天气。

6.2.4　海冰

2013 年,全球高温导致北极海冰存量屡创新低,北极海冰范围仍处于记录中较低水平之一(图
6.6),南极海冰范围则创历史新高,且比 1981—2010 年平均值高了 2.6%。由于海冰在反射太阳辐
射方面发挥着巨大作用,因此,北极海冰融化对气候造成长期的威胁。伴随着气候变化、海洋不断
升温,导致海冰融化,北极将变得越来越"黑暗",吸收热量的能力进一步增强,海洋将继续升温,这

一难以控制的反馈回路被称为北极"放大效应"。研究表明,秋季北极海冰面积变化对东亚地区冬季地表气温具有显著影响。当秋季北极海冰偏少时,容易引起冬季西伯利亚高压增强和欧亚大陆北部西风减弱,有利于冷空气南下。

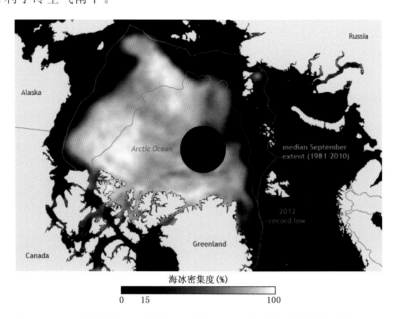

图 6.6 2013 年 9 月北极海冰范围(灰线)及 1981—2010 年气候平均范围(黄线)(引自 NOAA)

Fig. 6.6 Arctic sea ice extent (gray curve) in September of 2013 based on sea ice concentration (shading) and the climatology mean value during 1981—2010 (yellow curve)

6.2.5 其他因素

2013 年全球出现一系列反常天气,尤其是大范围高温热浪天气,很多学者认为异常是全球变暖的表现之一。俄罗斯气象专家认为,2013 年夏季俄罗斯异常天气是全球变暖的一个"鲜活"例子。在全球变暖的大背景下,出现极端性天气、气候事件的概率可能增大,包括这种大范围、持续性的"高温热浪"事件。这给人们带来的最直观感受是冬季可能变得更加寒冷,夏季表现得愈加炎热。北半球遭受热浪侵袭和全球气候变暖之间确实存在某种关联。在全球升温过程中,伴随着气温平均值和变幅的增大,发生极端天气、气候事件的概率增大,由此为全球许多国家和地区出现异常天气提供了有利的气候背景条件。

另外,随着气候变化,两极地区和温带地区的温差减小,会减慢"喷射气流"的速度,在中高纬度地区形成一个"阻塞事件",即一个稳定的、气流顺时针循环的天气模式。该气流环绕在格陵兰岛上空,拉动低纬度地区的暖湿气流,导致夏季的高温天气和创纪录的融冰事件。

综上,受大气环流异常以及海洋和海冰等外强迫因子的共同影响,全球范围内出现显著天气气候异常和极端事件,如北半球大范围的极端高温天气等。大气环流异常是上述全球重大天气、气候事件的直接原因,太平洋海温异常通过海-气相互作用对大气环流异常产生重要影响。另外,在全球变暖的大背景下,气温平均值和变幅增大,致使发生极端天气气候事件的概率增大,也为全球许多国家和地区出现异常天气提供了有利的气候背景条件。

第 7 章 历史重大干旱事件

7.1 丁戊奇荒

1876—1878 年,中国出现大范围持续干旱事件,极盛时旱区广布于辽宁、内蒙古、河北、山西、陕西、河南、山东、甘肃、宁夏、四川、湖北、安徽、江苏等地。持续三年遭受大面积干旱,农产绝收,田园荒芜,"饿殍载途,白骨盈野",饥荒及疫病致死的人共约 1300 万。此次灾害是清代最大的一场劫难!因 1877 年(丁丑年)和 1878 年(戊寅年)最为严重,故称为"丁戊奇荒"。河南、山西灾情最重,又称"晋豫大饥"。

7.1.1 干旱事件的实况复原

1876—1878 年,中国持续三年干旱,极盛时旱区广布于 13 个省份,直到 1878 年 8 月中旬旱情方告解除。根据历史气候记录,对这次干旱事件的发生过程及干旱特征试作复原推断。

7.1.1.1 干旱事件的动态演变过程

1875 年初,京师张家口、古北口等地出现严重干旱,山东、河南、陕西、山西、甘肃等地相继出现严重旱情;直至冬季,京师和直隶地区降水一直稀少。

1876 年,中国北方春夏连旱,河北、山西、河南、山东及辽宁和内蒙古的部分地区自正月起就干旱少雨,直至 7 月中旬各地雨季陆续开始,旱情方得缓解。河北中部沧州、藁城等地自前一年秋季开始的干旱持续到 7 月初,7 月 8 日才开始降雨;山东的干旱持续时间更长,临朐、寿光、单县等地的旱情持续到 8 月下旬;江淮和长江下游的江苏、安徽各地以夏旱为主,长江中上游的湖北英山、四川南充等地的夏旱持续至秋季;甘肃出现夏旱。

1877 年旱区范围进一步扩大,干旱持续时间更长。河北、山西两地夏、秋两季皆亢旱无雨,其无雨时段之长实属罕见,如平陆"自春徂冬二百余日无雨"。根据故宫档案,山西连续 200 天以上无雨日的有 14 个县,100~200 天的有 61 个县。据山西水文总站估计,该年山西省年降水量只有 126 毫米,相当于千年一遇的特枯年。陕西干旱极重,陕北横山等地"自春徂夏无滴雨",干旱持续至 1878 年春;陕南的夏秋旱也持续至次年。甘肃、宁夏等地多有"大旱弥年不雨"或"五月不雨至年终"的记载。河南开封、方城、渑池等地的夏秋冬连旱也一直持续到 1878 年春末。山东全省范围春旱严重。另外,安徽、江苏北部、湖北仍有部分地区夏旱,湖南北部的夏旱严重,慈利、石门等地"大旱七十日"。四川仍大旱,"四至八月无雨",以川北为甚。贵州仍旱,"自上年十月不雨至于四月"。

1878 年,河北、山西、内蒙古、河南、山东旱区范围缩小,主要旱区西移至陕西、甘肃、四川。河北、山西、河南、山东等地春夏仍然少雨,但 8 月 12 日开始的降雨过程使得旱情解除。继后,9 月底至 10 月中旬的雨带停留在山西、河南、山东,大雨持续了 10 多天。至此,持续近 3 年的旱情不仅得以彻底解除,山西榆社、昔阳、寿阳等地还因连续大雨酿成谷禾霉烂灾害。陕西关中地区自 1877 年 4 月以来的持续旱情因 1878 年 4 月 13 日开始的大雨天气过程曾一度缓解,后又出现"五六月复旱",以至于岐山"润德泉复涸"。甘肃武都、天水、永登等地秋冬旱严重,旱情持续至1879年初夏。此外,四川境内夏秋干旱,多雨的雅安俗称"天漏",竟然"五月大旱,七十日不雨"。其他各地还存在局地旱灾,不过持续3年的大范围旱灾至此终告结束。

光绪三年,除了上述几省发生严重旱灾外,该年的旱情也南延至长江一线以北。据两江总督沈葆桢11月的奏报,"江淮等属,光绪三年入夏以来,亢晴日久,……追后得雨已迟,补救不及,禾苗被旱受伤;又因夏秋之交淫雨连朝,……间有被淹失收至处"。从时间上来看,旱情延续的时间并不长,只是伏旱时节常见的干旱。安徽北部也有类似的旱情,安徽巡抚裕禄在七、八、九月的3次折奏中提到,凤阳、颍州、泗州、六安一带"六月……晴雨欠调,高冈田亩望雨滋润""七月……晴多雨少,高冈田禾被旱受伤""八月……晴多雨少……惟高冈未得透雨之处地土干燥,禾苗受伤",但这些地区经勘查并未成灾。据地方志资料比较,大部分江北地区仅记载了一般的旱或蝗蛹,情况并不严重。湖北北部地区也有一些旱情发生,一般以单季干旱出现,如《光绪潜江县志续》记载的潜江一带"夏大旱,河空。"

7.1.1.2 干旱程度的推断

(1)无透雨日数的估算

本年鉴采用现今仍在使用的持续"无透雨"日数来表示干旱程度。依据史料中记载的"不雨"和"始雨"日期,来估计"无透雨"的持续时间。例如,由山西平陆县"自春徂冬二百余日无雨",可得出当地连续无透雨日数大于200天的推断;由某年"自六月不雨至次年五月方雨"的记载,可推断当年的连续无透雨日数为160天,跨年度连续无透雨日数超过330天。依据历史记载估算的各地连续无透雨日数见表7.1。可见,干旱最严重的1877年连续无透雨日数超过200天的地域分布在黄河中游和陕南,跨年度的持续无透雨日数超过300天,陕西华阴最长达340天。

表7.1 1877—1878年中国各地连续无透雨日数的估算

Table 7.1 Estimated continuous non-soaking rain days from historical literal records in China during 1877—1878

地 点	1877年连续 无透雨日数(天)	1877—1878年跨年度连续 无透雨日数(天)	历史文献记载
山西平陆	>200		自春徂冬二百余日无雨
山西高平	160	>330	自三年六月不雨至四年五月方雨
山西汾西	>200		春至九月不雨
山西临猗	>250		三月后全无雨
河南开封	170	285	自三年六月旱至四年三月十四日始雨
河南方城	>200	>300	五月不雨,至次年三月始雨
河南渑池	240	>300	三年春不雨至四年三月始雨
陕西华阴	250	340	光绪四年三月十一日辛酉大雨,自去年四月至此始见雨
陕西横山	180		自春徂夏旱,无滴雨
陕西府谷	180		自春徂秋无雨
甘肃天水		>200	五月不雨至年终

(2)井、泉、河、湖干枯记录

1876—1878年,一些地方出现河、湖、井、泉干涸。由于现今的水文条件受到水利工程和农业生产用水量剧增的影响,故不能直接将这些记载与现代河、湖水位实况对比。不过,表7.2列出的干旱记录在历史时期非常罕见,如汾河枯竭、汉水可徒步而行,在现代也未曾出现,谨将这些记录作为干旱少雨程度的佐证。

表 7.2　1876—1878 年中国河湖井泉干涸记录

Table 7.2　Historical literal record samples for rivers and lakes in 1876－1878

年份	地　点	河湖名	史料记述
1876	山东寿光	弥水	春大旱弥水涸
1876	山东莱芜	汶河	汶河竭
1877	山西绛州	浍水	六、七月浍水竭两次,各旬余
1877	山西曲沃	汾水、浍水	六月汾、浍几竭
1877	陕西华县	白崖湖	大旱,白崖湖竭
1877	陕西洋县		井水多涸
1877	四川合川	渠江	江水极枯
1878	湖北老河口	汉水	夏,河水涸
1878	湖北京山	汉水	大旱,汉水可徒步而行
1878	陕西岐山	润德泉	润德泉复涸

7.1.2　旱灾的影响

7.1.2.1　饥荒

大范围持续三年的干旱以山西、河南两地受灾最重。1877 年 8 月的上谕称"山西亢旱被灾甚重,河南亦被旱灾……所有此次备赈银四十万两,著以七成拨归山西,三成拨归河南";又据山西官员光绪三年(1877 年)十一月初八奏报"晋省被旱成灾已有七十六厅州县因日久无雨而禾苗日就枯槁,又令改种荞麦杂粮……无如自夏徂秋各属禀报,每遇阴云密布为大风吹散,或仅得微雨,或一、二寸不等,天干地燥烈日如焚。补种荞麦杂粮出土后仍复黄萎,收成触望",由此可见灾情之一斑。英国传教士李提摩太曾在日记中记录了山西受灾的惨状:城门口旁边堆放着被剥光了衣服的一大堆男尸,一个叠着一个,就好像在屠宰场看到的堆放死猪的样子;另外一边同样堆放着一大堆女尸,衣服也全被剥光,这些衣服全被送到当铺换取食物了。这一带路上的树都呈白色,从根部往上 10 尺到 20 尺的树皮全被剥光充作食物。

1876 年,干旱少雨,粮米昂贵,饥荒很快遍及河北、山西、陕西、内蒙古、辽宁、山东\江苏、安徽及河南各地。1877 年,庄稼失收更为严重,饥荒地域扩大,已呈现"饿殍载道,路人相食"。山西绛县"剥遗尸、刨掩骸、残骨肉、食生人,饥死十之四五",稷山县"村落有尽数饿毙或十之八九"。旱情严重的河南更称"赤地千里,倒毙沟壑者十之七八,所余孑遗赖赈济以活",或"十室九空""豫西一带,河、陕、汝等人民饿死过半,就食信阳一带,数逾百万"。陕西靖边"继食树皮草叶俱尽,又济之以斑白土,老稚毙于胀,壮者苟免,甚有屠生人以供餐者";华阴"饿毙人民无数,秋禾初登,人民因食而死者又居十之四五,迄今五十余载,人口犹未复原"。1878 年春,饥荒至极,陕西蒲城"夏,饿毙者三之二"。直至秋后,北方五省秋禾有收,饥荒方告终止。史籍记载,这期间发生"人相食"的地方即有 80 多处。

7.1.2.2　疫疾

伴随饥馑的日渐加重,疫疾迅速发生并蔓延。1877 年,北方疫区主要在河北、山西、河南,山东、辽宁也有发生。至 1878 年,疫区扩展,发生疫疾的州、县数量增加一倍多。疫疾具有传染性。史籍记载,山西绛县"瘟疫大作,染者多毙",稷山"自夏徂秋瘟疫流行,死者复相枕藉",河南信阳"瘟疫大作,三年春间死亡相望,幸存者又疫气传染,办赈务诸绅日与周旋,间有死者,自六月后渐消"。至 1879 年,大范围旱灾和饥荒结束,瘟疫也平复。

7.1.2.3　蝗灾

1876—1878 年,蝗灾大面积发生,尤以 1877 年最为严重。蝗区西起甘肃,遍及河北、河南、山东、安徽、江苏、浙江、湖北等地。蝗虫啃食庄稼殆尽,加重饥荒。蝗灾之猖獗,如河南信阳"是年蝗灾,先是河、洛荒旱,赤地千里,蝗蝻怒生,无所得食,群向南飞,过信阳者三日夜不绝,最大一群宽长数十里,天为之黑";环渤海蝗区的天津、武清、静海等地夏蝗猖獗,六月蝗虫遍地,甚至出现抱团过河的奇观。

据不完全统计,1876—1879 年,山东、山西、直隶、河南、陕西等地区,受旱灾及饥荒严重影响的民众人数多达 1.6 亿～2 亿,约占当时全国人口的一半。直接死于饥荒和瘟疫的人数约 1300 万,仅山西 1600 万居民中,死亡就有 500 万。

7.1.3　干旱事件发生的气候背景

1876—1878 年,中国大范围的持续干旱发生在小冰期寒冷气候即将结束、北半球迅速转暖之前,欧洲、北美洲部分地区已开始转暖,而东亚尚为寒冷的气候背景下。与此同时,中国降水量分布呈典型的北旱南涝格局,干旱区广大,南至长江流域。这三年中国东部雨季异常,冷空气十分活跃,沿海台风记录很少。

7.1.3.1　雨季异常

1876—1878 年,中国东部雨季开始时间偏迟且雨量少。据历史记载推知,1876 年黄淮地区的雨季开始于 7 月 19 日,比现代平均雨季开始日期迟;1877 年长江中下游地区有"自四月至七月不雨"的记载,梅雨异常,可认为 1877 年是"空梅"年份;1878 年华北地区的雨季开始于 8 月 12 日,比现代平均雨季开始日期偏迟较多,但雨量大,旱情也由此得以解除。

7.1.3.2　秋季霜冻频繁,初霜日期异常提前

1876 年,初霜出现较早,9 月 27 日初霜广及山西、河北和山东大片地域,霜冻区南界在隰县、景县、宁津一线,南界的早霜冻日期比现代平均初霜日期提前 16 天以上,比现代最早初霜日期也提前了 2～3 周。1877 年,山西中部早霜危害严重,且初霜日期异常提前。如,山西和顺县早至 8 月 21 日便遭遇"严霜杀稼",比现代平均初霜日期(9 月 22 日)提前 1 个月,比最早初霜日期(9 月 8 日)提前 19 天。

7.1.3.3　冬季严寒

1876 年,冷空气活动早且强,早在 11 月上旬山东已降大雪。1877/1878 年冬季,强寒潮活动频繁,自 12 月底开始持续 60 多天的大雪冰冻天气,危害遍及华北以至长江中下游各省和华南各地。沿 35°N 地带的山西平陆、山东诸城等地出现"奇冷井冻",山东蓬莱"海冻三月舟楫不通",湖北"汉水结冰甚厚",湘阴洞庭湖"湖水封冻、舟不能行",江苏"冬暴寒树木冻死,严寒河冰彻底"。强寒潮接连侵袭南岭以南地区,多见"阴寒弥月,鱼多冻死,六旬乃解"的记述。1878 年 1 月 3—4 日,强寒潮使得韶关地区"连日大雪冰冻,牛羊冻毙",珠江三角洲各处"雪霜并至,连月阴寒历六旬乃解"。霰雪冻害南至雷州半岛皆有发生。记录的 1877/1878 年冬季严寒是 20 世纪以来罕见的。1878 年秋冬冷空气活动早,早在 10 月 4 日山西高平等地即降大雪,初雪日期与现代最早初雪日期(11 月 2 日)和平均初雪日期(11 月 16 日)相比,提前了近 1 个月或更多。

7.1.4　旱灾的成因

7.1.4.1　太阳活动

1876—1878 年的持续干旱事件发生于第 11～12 太阳活动周,位于第 11 周太阳黑子数下降阶段和第 12 周的极小年,其年平均太阳黑子数很小,仅为 3.4。各年在太阳活动周的位相,1876 年是 $m-2$ 位相,1877 年是 $m-1$ 位相,1878 年是 m 极小年。对应于降水偏少,这与已有的研究结论相符;1878 年是太阳黑子的极小年,8 月中旬以后华北连降大雨,旱情解除,后来又持续降大雨,这情形可以对应"极值年"降水偏多的特点,也可认为与已有的认识相符。

7.1.4.2　海温状况

由于19世纪尚无详细的气压场和海温场资料,仅由厄尔尼诺历史年表可知,这次持续干旱事件发生于海温异常、厄尔尼诺事件频发时段。1877—1878年,有S++级(极强)厄尔尼诺事件发生,1879年则是厄尔尼诺事件结束后的第一个非厄尔尼诺年。之前的1871年、1874年分别是强度为S+级(较强)和M级(中)厄尔尼诺年,此后的1880年为M级(中)厄尔尼诺年,这几次厄尔尼诺事件间隔仅为两三年。这与已有的厄尔尼诺事件与中国降水有密切关联的研究结论一致。

7.1.4.3　火山活动

据世界火山活动记录,1876—1878年的干旱事件发生之前,高纬度地区有过多次重大的火山活动:1875年3月冰岛阿斯基亚火山爆发,火山爆发指数达到5;1873年1月冰岛格里姆火山爆发,火山爆发指数为4;1872年千岛群岛锡纳尔卡火山爆发,火山爆发指数为4。这些火山喷发活动与东亚环流异常及这次持续大范围干旱事件之间是否有关联,目前尚不清楚。另外,中纬度地区也有火山活动,如1877年日本诹访之濑火山爆发,火山爆发指数为4。

7.1.4.4　社会原因

清王朝初期,各省、州、县设置了粮仓,并形成了一套较为完备的管理制度,但随着清王朝的日益腐朽,仓储制度也渐趋衰败。各级官吏非但没有及时采买仓谷,反而借机变卖、挪用、侵盗粮食。

1830年,户部检查全国粮仓储备情况时发现,实存粮仅1400万石[①],缺额达1800万石。到1860年,全国粮仓只存粮523万石。无怪乎"丁戊奇荒"暴发之际,灾区缺粮,不但无树皮草根可采摘,"抑且无粮可购,哀鸿遍野,待哺嗷嗷",很多人活活饿死。

1840年鸦片战争后,清王朝腹背受敌,内外交困,元气大伤。仅鸦片战争就耗去了国库存银的3/4,镇压太平天国运动又至少耗掉4亿多两白银,此外,还有对列强的巨额赔款和其他大小战事的军费,以致在1864年,清王朝国库仅有6万余两白银。"丁戊奇荒"发生时,"海内穷困已极""内外库储俱竭",尽管清政府多方筹措,仍捉襟见肘。所筹赈款中,属于部拨、协拨及截留的公款很少,受惠最多的山西也只有317万两白银,不足全部赈款的三分之一。同时,时局的动荡更使得生灵涂炭,民不聊生。曾国藩曾说:"近年从事戎行,每驻扎之处,周历城乡,所见无不毁之屋,无不伐之树。"频繁的战火、社会的破坏及生态的恶化,严重削弱了清廷和民众抗击灾害的能力。

另外,为了增加赋税和财政收入,清政府竟允许并鼓励民众种植鸦片。第二次鸦片战争后,西方列强迫使清政府解除鸦片禁令,使鸦片贸易合法化。自19世纪60年代起,西方每年输入中国的鸦片有5.6万担[②],中国白银为此大量外流。李鸿章等提议,"洋药不能禁其来",不如"开洋药之禁以相抵制",不惜以自种自产鸦片的方式与洋人抗衡。几年后,全国各省都有鸦片种植,山西、河南、山东等重灾区更是生产鸦片的重要基地。山西1877年耕地面积约为35万公顷(全国约5300万公顷),其中4万公顷种植了鸦片。山西巡抚曾国荃曾说:"此次晋省荒歉,虽曰天灾,实由人事。"因为种植鸦片不仅侵占良田和劳力,造成粮食不足,而且诱使相当部分农民自种自吸食,严重影响了健康和劳动能力。继任山西巡抚张之洞也指出:"垣曲(山西运城境内)产烟最多,饿毙者亦最多。"

7.1.5　救灾

在这次奇灾中,清政府最高统治者西太后和皇帝除了多次到大高殿拈香祈雨之外,也采取了实物救灾措施。

大旱发生后,为了减轻灾害带来的严重后果,清王朝多方筹措,采取了多种赈济措施。首先是赈粮。山西灾情发生后,曾国荃亲临灾区核实灾情,并按灾情轻重分发赈粮,平价粜粮,广设粥厂,

---

① 　1石＝100升,下同。
② 　1担＝50千克,下同。

赈济灾民。根据受灾程度,"极贫者加赈四个月,次贫者加赈三个月"。凡此种种,不一而足。从赈粮的来源看,主要为开放仓储或调运漕粮。整个赈灾过程中,共调拨漕粮 70 余万石。为筹集赈灾款项,清王朝一度同意捐官。光绪三年(1877 年)七月,在曾国荃奏请下,清政府发给他虚衔和实职的空白执照各 2000 张。曾国荃除了在山西就地开捐外,还派人到商贾富足之区,如天津、上海、汉口、宁波各处设捐输局,按捐输数量的多少分别给捐者不同的官衔和官职。北方灾区用此方法集捐赈银超过四五百万两。

另外,清政府甚至派员前往香港、新加坡、吕宋(今菲律宾)、安南(今越南)等地,竭诚劝募。仅山西、陕西两省就募得银 1576 万余两,赈粮分别约 176 万石和 110 余万石。李鸿章称其"收缴转运均极迅速""实为赈案中未有之盛举"。与此同时,"民捐民办"的新赈灾形式——义赈,也应运而生。上至达官名流、富绅巨贾,下至平民百姓、流民乞丐,就连远隔重洋的爱国华侨也"向风慕义",踊跃捐赠财物。听到北方旱灾的消息后,南方"贫士捐膏火,妇女脱簪珥,百工减佣资",很快集成巨款,并派代表携至灾区,发放到灾民手中。义赈克服了官赈反应迟缓、救济不力等弊端,三年多共募集"百十万之银",拯救了"百十万之命"。在士绅集团的积极推动下,临时性的散赈逐步向制度化、综合化方向发展。

灾害发生后,许多外国传教士也投入到赈灾活动之中,于是出现了另一种救济方式——"洋赈"。李提摩太就是传教士中最突出的代表人物,1877 年他倡导成立了山东赈灾委员会,次年,扩充为中国赈灾基金委员会。英国伦敦也成立了英国捐助中国饥荒赈捐委员会。这些组织从海内外募集赈银 30 多万两,救济灾民不下数十万。此后,西方基督教会和其他寓华外国人员相继在上海、天津、山东等地创办各种慈善救济机构,募捐放赈,或与中国官方人士一道施赈。在华外国人也是这次赈济活动的参与者。据 1877 年 3 月《申报》报道,为赈济山东饥荒,上海西商捐银 9000 余两,香港英国官商筹银 1000 两。

清政府采取上述措施,只是为"饵未形之隐患",防止灾民揭竿啸聚,乘机起义。这些措施,只是临时治标之方,非长远治本之法。总体上,统治者在大灾大饥面前,态度消极、被动,赈济措施软弱无力,更有甚者,还反其道而行之,进而雪上加霜;再加上交通运输困难,抗灾成效微乎其微。

7.2 近 500 年亚洲的重大干旱时段

近 500 年亚洲比较重大的干旱时段为 1586—1589 年、1638—1641 年、1876—1878 年和 1928—1931 年。

1586—1589 年,干旱主要发生在中国东部,最为严重的时候(1589 年)干旱扩大到了东部近一半的地区。这次干旱,中国北方和长江中下游区域降水量平均减少 10%～20%,中国第三大淡水湖——太湖甚至枯干(图 7.1a)。

1638—1641 年发生的干旱被认为是过去 500 年中国最为广泛的旱灾。这次旱灾涉及了中国 15 个省(市),波及中国一半的人口,造成瘟疫流行,蝗灾猖獗。加上期间战争频繁,战乱不断,中国人口约减少 4000 万,加速了明王朝的崩溃(图 7.1b)。整个中国东部地区基本处于干旱的控制下,尤其是北京周边地区。

1876—1879 年的干旱在中国也被称为"丁戊奇荒"。这次干旱期间发生了一次极强的厄尔尼诺事件,干旱影响了大部分热带区域,导致全球 3000 多万人死亡。在中国,这次干旱波及了大部分地区,导致灾民 2 亿人,饥饿至死 1300 万人,是 20 世纪以前中国有记载的死亡人数最多的旱灾(图 7.1c)。这次干旱期间,亚洲大部分区域均处于偏旱的状况。

1928—1931 年,干旱主要发生在中国北方和蒙古国(图 7.1d)。这次干旱导致中国灾民多达

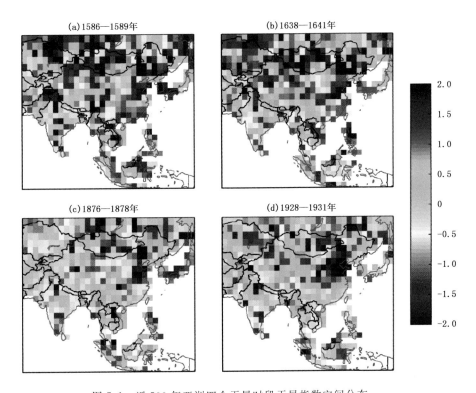

图 7.1　近 500 年亚洲四个干旱时段干旱指数空间分布

Fig. 7.1　The Spatial distribution of four dry periods（drought index）

3400 万人,超过 400 万人死亡。甘肃和陕西受灾最为严重,甘肃受灾人数 457 万,死亡人数 230 万,分别约占当时甘肃总人口(550 万)的 83% 和 42%;陕西 940 万人受灾,250 万人死亡,40 万人逃难。

第8章　美国干旱监测与预测业务进展

　　干旱是全球各地普遍存在的一种气候现象，也是对人类社会造成严重影响的自然灾害之一。干旱不仅造成农业巨大损失、水资源匮乏、生态环境恶化，而且会引发饥荒、经济失调、社会动荡甚至朝代更迭。近几十年来，在气候变暖的背景下，干旱的发生愈加频繁，程度也更加严重，造成了巨大的经济损失。建立有效的干旱预警体系准确监测干旱，并提供可靠的干旱预测成为国家和民众的迫切需求，这有助于更好地应对、管理干旱和减轻干旱脆弱性，避免干旱灾害带来的损失和影响。

　　干旱难以测量，或者说很难定义，因此，准确得到干旱特征较为困难。鉴于干旱的复杂性，促使人们努力开发基于不同数据、不同方法、不同影响区域的干旱监测指标。这些干旱指标需要考虑到如降水、土壤含水量、径流、地下水、植被蒸散和积雪等各种水文气候变量。同时，可靠的预测干旱的发生、发展、解除是迈向有效早期预警的重要一步。目前，主要的技术方法是通过揭示历史规律得到的经验统计学方法和基于大气环流模式的动力学方法。近几十年来，人们一直致力于干旱监测和预测方面的研究，以期得出有效的风险管理方法，减少干旱脆弱性。区域和全球尺度的干旱监测预报系统已建立和发展。这些系统在建立干旱指标、提高时空分辨率等方面有所进步，在帮助政府决策者进行干旱管理方面发挥了重要作用。同时，发展和实施干旱监测预报系统在科学性和技术方面仍然存在挑战，如数据的可用性不一致，缺乏公认的指标，干旱预测能力的局限性等，在干旱预警和干旱管理方面，以上挑战均需要解决和改善。

　　本章主要介绍近几年来美国在干旱监测、预测业务及研究方面的进展，回顾美国区域和全球尺度干旱监测预报系统的发展，并对其科学研究和技术水平方面进行重点概述。另外，结合2016年美国政府部门的抗旱任务书，讨论干旱监测和预测的机遇与挑战。

8.1　机构介绍

　　美国干旱监测预报业务由美国国家干旱减灾中心（National Drought Mitigation Center，NDMC）、美国国家海洋和大气管理局（NOAA）以及美国农业部（United State Department of Agriculture，USDA）共同承担。权威且被广泛应用的干旱监测产品是美国官方授权发布的每周干旱监测产品USDM（U.S. Drought Monitor），该产品创立于1999年，由上述3个单位的11名权威专家轮流值班承担。产品基于气候、水文、土壤和遥感等观测资料制作而成，由来自全美350名干旱影响报告员收集灾害信息对该产品进行订正和检验。11名轮班专家综合各方面的信息给出最符合实际的判断。美国干旱监测产品并不是严格的定量产品，而是基于多种科学指数综合的主观判断产品。美国干旱监测产品是美国政策制定者和社会媒体讨论干旱事件和分配救灾款项的依据。

　　• 美国国家干旱减灾中心（NDMC）

　　美国国家干旱减灾中心（NDMC）成立于1988年，基于内布拉斯加-林肯大学的自然资源学院农业气象系建立。美国国家干旱减灾中心负责美国干旱监测产品的制作和相关网站的维护，编制美国干旱影响报告，开发基于网页的干旱管理和决策工具，以及抗旱规划和减灾计划研究、干旱政策研究,组织全美、州和国际组织的干旱学术会议,回答媒体和公众关于干旱的问题。该中心也参与大量国际计划,如与联合国秘书处国际减灾战略计划合作,负责筹建地区干旱预防网络等。

• 美国国家环境预报中心(NCEP)

美国国家环境预报中心(NCEP)的环境模型中心(EMC)是 NCEP 的 9 个业务中心之一。EMC 承担开发基于 Noah 陆面模型的美国干旱监测预报数值模型,其主要技术手段包括数据同化、物理模型、数值方法等。Noah 陆面模型及北美陆面数据同化系统已经在美国土壤水分和干旱监测方面发挥了巨的作用。同时,EMC 作为 NDMC 的成员单位之一,常年向 NDMC 提供监测和预报数据。

• 美国农业部(USDA)

美国农业部农业研究局水文与遥感实验室(HRSL/ARS/USDA:Hydrological and Remote Sensing Laboratory/ Agricultural Research Service/ United State Department of Agriculture)致力于全美的水资源、粮食和纤维生产有关的遥感及自然资源保护的基础和应用研究。水文与遥感实验室主要研究领域包括研发、检验基于遥感和地面平台的新型观测方法,定量描述从田块到区域的水分平衡各组分的尺度转换方法;研发从田块到区域尺度的土壤碳和碳交换的地面和遥感监测技术;研发可用于监测农业干旱程度及其对农作物长势和产量影响评估的遥感与模型化方法。主要是利用遥感技术解决与水资源、土壤相关的农业保护和可持续发展问题。水文与遥感实验室在 3 个方面与农业气象息息相关:农业干旱监测及蒸散研究、地表能量平衡模型研究、微波遥感土壤湿度估算。主要有研究地表-植被-大气相互作用的单层模型 SEBAL(surface balance algorithm for land)、双层模型 TSEB(two-source energy balance)、交互模型 ALEXI(atmosphere land exchange inverse)和 disALEXI(disaggregated atmosphere land exchange inverse)。SEBAL 和 TSEB 模型已经在全球被广泛应用,主要用于研究地表能量平衡、蒸散、干旱等与农业、生态相关的问题;ALEXI 和 disALEXI 模型用于监测农业干旱。水文与遥感实验室在农业干旱遥感监测方面开展了大量工作,在地表能量平衡和水分平衡原理的基础上,发展了利用能量平衡余项法模拟土壤-植被-大气连续体中能量、物质交换过程的双源模型 TSTIM(two-source time integrated model)。水文与遥感实验室也是 NDMC 的成员单位之一,是美国干旱监测产品的共同作者之一,在全美和全球干旱监测中具有重要的影响力。

8.2 干旱监测

8.2.1 干旱定义及干旱指标

缺乏精确和被普遍接受的干旱定义,阻碍了对干旱信息的衡量和干旱特征的分析。从学科角度来看,干旱定义通常可分为气象、农业、水文和社会经济干旱四类。目前已经建立和发展了许多干旱指数。开发和选择适用于特定区域的干旱指标是干旱监测和预测的基础。标准化降水指数 SPI(standardized precipitation index)在世界气象组织(WMO)会议上被推荐作为主要的气象干旱指数来跟踪气象干旱,但对农业和水文干旱的监测并没有很好的响应。一种干旱指标并不适用于所有地区、季节或所有类型的干旱。在过去十年中,学者们致力于集成一套水文气候数据集或指数集对干旱进行全面监测,并开发了多种多元或复合干旱指数,同时还研究了干旱指标的阈值,用于定义干旱的类别或级别(例如"中度"或"严重"干旱),便于分析干旱特征,应对干旱灾害并做出相应的措施。然而,迄今为止没有达成一个客观阈值的共识。

传统的干旱监测一般是利用气象或水文观测站获得的水文气候变量来衡量是否发生干旱,如降水量、气温、蒸发、径流或土壤湿度等,这属于区域尺度上的短期干旱特征分析。干旱监测取得实质性进展主要依赖于各种数据集的开发及利用,包括遥感产品、陆面模式模拟和干旱影响方面的数据。遥感提供了各区域和全球范围内的连续性较好的观测数据,特别是对没有站点或站点稀疏区域的干旱特征提供了越来越多的可用信息。近30多年来,随着卫星遥感监测干旱技术的长足进步,已发展出多种干旱(或土壤水分)监测模型,提出了数十个遥感干旱指数,如归一化植被指数(NDVI)、蒸发压力指数(ESI)和NASA的重力恢复和气候实验室(GRACE)开发的水储量异常指数,在各国干旱监测中均得到有效应用(郭铌和王小平,2015)。

本节对美国近年来建立、推广并应用于干旱监测中的几种新干旱指数进行介绍。

• 标准化降水蒸散指数(SPEI)

标准化降水蒸散指数(SPEI)由Vicente-Serrano(2010)提出。该指数是在标准化降水指数(SPI)的基础上加入潜在蒸散项构建而成。SPEI既保留SPI的计算简单、应用于多时间尺度的干旱特征分析的功能,又具备PDSI的优点,考虑了温度对干旱的影响。

• 植被健康指数(VHI)

Kogan(1997,2002)根据VCI和TCI监测干旱过程在时、空上的差异和各自优缺点,将2个指数进行组合,提出植被健康指数VHI(vegetation health index)。VHI兼容了VCI和TCI各自的优势,在北美和全球不同区域干旱监测中被广泛应用(Karnie et al,2006),是美国国家干旱减灾中心和NOAASTAR(NOAA Center for Satellite Applications and Research)的干旱监测产品,目前美国NOAA仍然在发布全球VHI产品,图8.1展示了北美VHI监测结果。

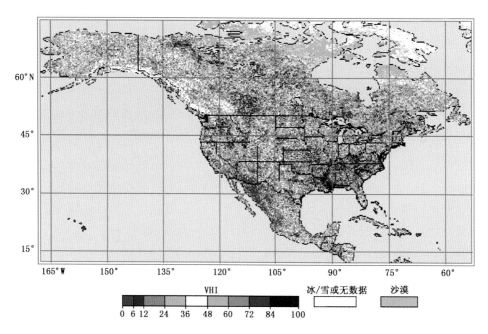

图8.1 北美2017年第26周VHI监测结果

Fig. 8.1 Drought monitoring of VHI in North America for 26th week in 2017

• 蒸发胁迫指数(ESI)

蒸发胁迫指数(evaporative stress index,ESI)(Anderson et al,2011a)是可用来估计当前干旱情况的指标,是实际蒸散量与潜在蒸散量之比。干旱地区与正常地区相比,ESI较小;反之,湿润地区与正常地区相比,ESI较大。卫星上的仪器测量是根据不同波长的地表反射率反演得出的,大气-陆地交换反演模型(ALEXI)利用测量原理计算地表能量通量,包括蒸散量(ET)。计算结果已从气候和植被条件两方面经过一系列严格的评估,其结果与地面观测数据也进行了很好的比较。由于卫星测量只能在晴空（无云）的情况下进行，所以模型中的每日"快照"被平均化，提供合成的覆盖图像（Martha et al，2016）。图 8.2 为网站发布的北美洲 2018 年第 2 周 ESI 监测结果。

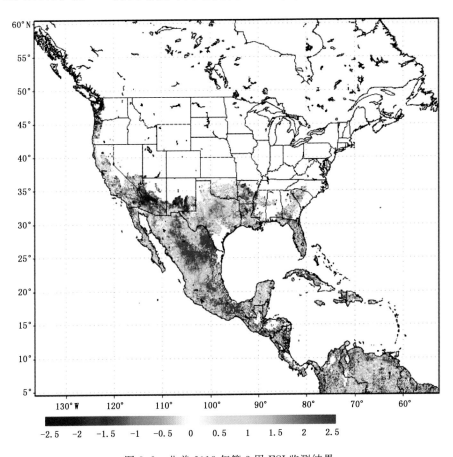

图 8.2　北美 2018 年第 2 周 ESI 监测结果

Fig. 8.2　Drought monitoring of ESI in North America for 2nd week in 2018

- 植被干旱响应指数（VegDRI）

　　VegDRI(vegetation drought response index)是美国地质勘探局和美国国家干旱减灾中心等单位近年来共同开发的干旱监测指数（Jesslyn et al，2008），在北美干旱业务中得到很好的应用，目前发布的产品仅为美国本土逐周干旱监测结果（http：//vegdri. unl. edu/Home. aspx）。VegDRI 是一种融合传统气候干旱指标和其他生物物理信息的综合干旱监测工具，它利用历史长时间序列的 NDVI、帕尔默干旱强度指数（PDSI）和标准化降水指数（SPI）的气候数据，结合土地覆盖/土地利用类型、土壤特性、生态环境卫星观测等其他生物物理信息，剔除洪水、病虫害、火灾等其他环境因素对 NDVI 信息的影响，采用新的数据挖掘技术来识别历史上与干旱相关的气候-植被的关系，建立历史气候与植被的关系，进而确定干旱状况；VegDRI 提供连续的、地理覆盖范围大、1 千米分辨率的干旱监测图，比其他常用的干旱指标具有更高的空间分辨率（郭铌和王小平，2015）。图 8.3 为 2015 年 5 月 3 日（2015 年第 18 周）VegDRI 监测结果，可以看出美国西部、北部及东北部等地发生中旱，加利福尼亚、内华达及明尼苏达州旱情较重。

8.2.2　美国干旱监测（USDM）

　　1996 年发生的美国西南部及南部大平原的重大干旱事件促使联邦紧急事务管理局（FEMA）和西部州长协会（WGA）组建了抗旱工作组，提出协调和整合联邦及国家级别的干旱应对措施。1998 年，美国《国家干旱政策法案》出台，促使了一系列改善国家抗旱能力的活动。美国国家干旱减灾中

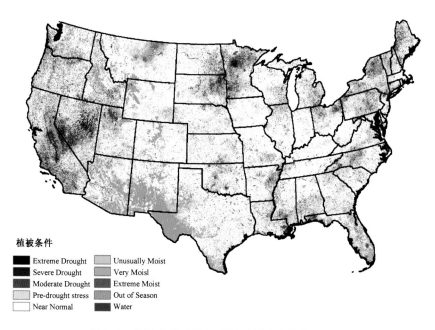

植被条件

颜色	名称	颜色	名称
■	Extreme Drought		Unusually Moist
■	Severe Drought		Very Moisl
■	Moderate Drought		Extreme Moist
	Pre-drought stress		Out of Season
	Near Normal	■	Water

图 8.3　美国 2015 年 5 月植被干旱响应指数监测结果

Fig. 8.3　Drought monitoring of VegDRI in May 2015 in the United States

心（NDMC）与国家海洋和大气管理局气候预测中心（NOAA/CPC）合作，计划研发一个类似于 Fujita 龙卷强度等级（F0～F5）和飓风强度等级一样被公众认可的干旱监测产品（即制定出 USDM 的概念），其目的是在干旱范围、干旱强度及干旱持续性方面提供信息。自 1999 年以来，美国干旱监测产品（USDM）每周发布，并在地理范围、细节、团队合作、公众认知度、技术等方面进行逐步改进。

USDM 由一幅描述全国范围干旱的监测图，以及干旱状况与影响评述的文字产品组成。它是对全美目前干旱状况的评估，与 CPC 发布的季节性干旱预测产品不同。USDM 综合了大量丰富的信息，包括气候指数、数值模式数据以及各区域和地方的专家意见等。

USDM 最初的干旱标准基于 6 个关键指标和多个辅助性参考指标。6 个关键指标是标准化降水百分位数、标准化降水指数（SPI）、Palmer 干旱指标、气候预测中心土壤湿度模式输出、美国地质测量局日流量指标及卫星遥感植被健康指数。一些辅助性参考指标包括 Palmer 作物湿度指数、Keetch-Bryam 干旱指数、美国森林火险指数、水库需水量、湖泊水位、地下水位以及和蒸发相关的相对湿度、温度距平等。随着干旱指数的发展，以上关键指标和参考指标均有所改进，例如加入标准化降水蒸散指数（SPEI）、植被干旱响应指标（VegDRI）、北美陆面数据评估系统（NLDAS）的土壤湿度及径流数据等。USDM 的初稿是由来自 NDMC、USDA、CPC 及 NCDC 的 9 位专家依次轮班 2～3 周制作的，剩下的 8 位专家以及全美范围内的其他专家顾问每周一对首席专家制做的初稿通过互联网或邮件等途径进行意见反馈，首席专家根据反馈信息对干旱监测图及文字产品进行改进，并对照前一周的监测图进行检查，确信能够反映自上周二（每周监测图生效日）以来干旱状况的任何变化，最后在每周四早晨公布于众。USDM 将干旱分为 4 个级别。干旱等级的划分采用百分位数方法，用于确定干旱级别的所有数据均考虑了它们在该地点、该时间出现的历史频次。惟一的例外是在与各种干旱等级相关的时段内，用地方标准化的百分位数描述干旱特征时，对标准化降水百分率采用了一些全国性的标准。尽管干旱分类阈值在全美所有区域内并非都很准确地与适当的百分位数相对应，但它们仍然为使用一个参数的干旱分类提供了一个稳定并且可重复的标准。需要指明的是，这个新的干旱分类系统是可改变的，当有新的技术与资料出现时，能够较容易地与之结合，并可根据地方专家们对干旱影响的评估进行修正。为 USDM 做出贡献的专家来自于各个领域，如气候学家、农业与水资源管理者、水文学家及生态学家等,他们利用对区域和各市、州干旱状况及干旱影响的专业知识为 USDM 提供了真实的干旱信息,同时他们的信息也用来检验所用指标是否准确捕获了干旱影响。这些专家也是动态更新的。截至 2016 年,已有超过 360 位专家对 USDM 的制作做出了贡献。

图 8.4 为美国干旱监测发展的示意图。从图中可以看出,1998 年美国国家海洋和大气管理局气候预测中心(NOAA/CPC)与国家干旱减灾中心(NDMC)开始筹划并制定 USDM 的概念;1999年第一张 USDM 在白宫新闻发布会上公布于众,当时只有 6 个输入的关键指标;2000 年举办了第一个 USDM 论坛,其主旨是介绍和发展 USDM;2001 年美国国家气候中心(NCDC,现改名为国家环境信息中心 NCEI)也加入到 USDM 的制作中,当时,USDM 的贡献专家达到 75 位;2002 年由国家气候中心发起,制作出北美干旱监测图,在该年,USDM 首次作为国家级干旱应急响应的参考;2003 年 USDM 的贡献专家增加至 150 位;2006 年美国农业部牲畜救援计划和国内税收服务等部门将 USDM 作为确定抗旱减灾和实施救济的参考指标;2010 年世界气象组织(WMO)和全球地球观测系统(GEOS)开启了全球干旱信息系统(global drought information system,GDIS)的发展;2011年 USDM 的干旱影响类型从农业和水文转变为短期和长期,USDM 网站的年访问量达到 200 万;2012 年美国农业部将 USDM 作为快速追踪干旱灾害的参考因子;2013 年 USDM 更新,增加了新网站、管理系统平台、网络地图服务及档案记录。目前,USDM 仍是美国政府部门和民众最广为认可的、参考价值最高的干旱监测产品。

8.2.3 北美陆面数据同化系统(NLDAS)

北美陆面数据同化系统(North American land data assimilation system,NLDAS)是运用于美国干旱监测业务中的又一个重要手段。它是由美国国家环境预报中心(NCEP)下属的环境模拟中心(Environmental Modeling Center,EMC)联合美国国家海洋和大气管理局(NOAA)气候计划办公室(Climate Program Office,CPO)美洲气候预报计划(Climate Prediction Program for the Americas,CPPA)的相关合作者共同构建。该系统通过运行多种陆面过程模型生成覆盖美国大陆的时间分辨率为每小时、空间分辨率为 0.125°的长时间序列水文气象产品。

北美陆面数据同化系统最早于 1998 年由美国国家海洋和大气管理局、美国国家航空航天局(NASA)和多所大学研究机构共同发起,其目的是为数值预报系统提供更准确的陆面初始条件。此项工作目前已经过两个阶段的发展,第一阶段的北美陆面数据同化系统(NLDAS-1,1998—2005年),工作集中在整个北美陆面数据同化系统的构建和对北美陆面数据同化系统内 4 个陆面模型在模拟水通量、能量通量及状态变量的准确评估上,该系统采用 4 种陆面模型:Noah、Mosaic、SAC-SMA 和 VIC。第二阶段的北美陆面数据同化系统(NLDAS-2,2006-至今)是在第一阶段的基础上,研究了陆面模型及其驱动数据的更新和升级、模型比较、极端天气事件的实时监测以及季度水文预报等工作。NLDAS-1 和 NLDAS-2 的开展激发和支撑了其他相关的模拟研究,包括高分辨率(如 1 千米)陆面模拟及区域或陆面数据同化系统的构建。NLDAS-2 包含两个子系统:实时监测和季度水文集合预报。在实时监测子系统中,陆表状态(如土壤湿度和雪水当量等)和各种水通量(如蒸发、总径流和河道流量等)用气候距平值和百分率来表示,其状态变量实时更新的重要应用即为美国干旱监测。NOAA 的气候预报中心(Climate Prediction Center,CPC)和美国国家综合干旱信息系统(national integrated information system,NIDIS)均采用 NLDAS 产品作为监测干旱事件的依据之一。非耦合季度集合预报子系统主要用于生产驱动陆面模型的季度集合预报场,并采用了 3种方法生成模型的驱动数据:气候集合径流预报方法、CPC 标准季节性气候预估方法和基于 NCEP气候预报系统(Climate Forecast System,CFS)的集合预报方法。这 3 种方法生成的集合气象预报

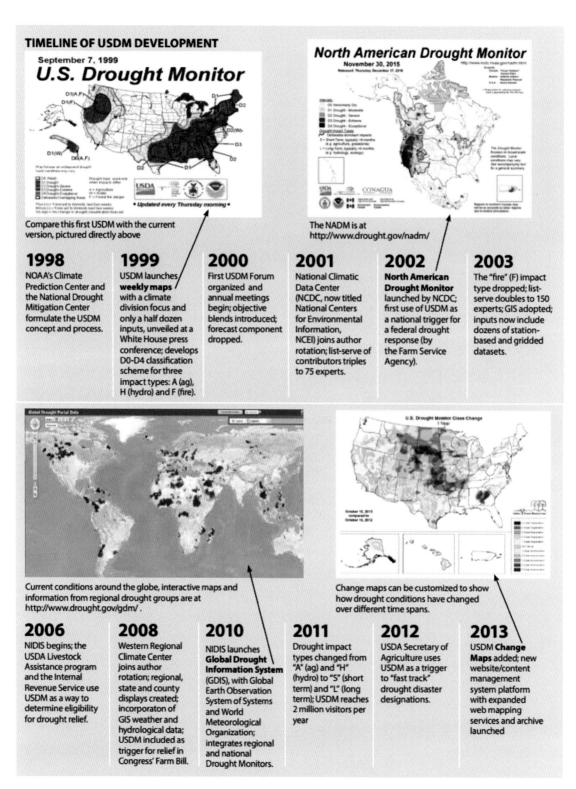

图 8.4　美国干旱监测发展示意图

Fig. 8.4　Schematic diagram of drought monitor development in the United States

数据随后被用来驱动选定的陆面模型(目前仅使用 VIC),对横跨美国本土的 14 个大河流域进行季节水文预报。每年预报方法生成 1～6 个月的季度水文预报产品,如月平均气温、降水、土壤湿度、积雪、总径流量、蒸发以及河道径流等。根据预测的整个土壤剖面的土壤湿度算出距平值和百分率以及干旱概率,从而为国家综合干旱信息系统和气候预测中心的业务干旱预测提供重要支撑,服务于整个美国大陆的干旱预测。

8.2.4　重力卫星监测干旱

地球重力场是地球科学中的基本物理场,反映了地球表层和内部的物质分布变化及其运动状态。它不仅为人类提供了地球物理环境及其变化的重要信息,也为解决自然资源、环境及灾害等问题提供基础数据。近 10 年来,卫星重力测量技术具备了高精度全球重力场观测的能力。与传统重力观测技术不同,重力卫星具有全天候、高精度、大范围的优势,可获取全球覆盖均匀的地球重力场信号,尤其是卫星重力获得的全球性重力时间变化信息,能在大尺度上定量揭示全球环境变化(海平面与环流变化、冰川消融、陆地水量变化、强地震及极端气候等)导致的地表质量分布与迁移,为定量探测和研究地球物理环境及全球环境变化提供了独特的、不可替代的手段。2002 年 3 月,由美国宇航局和德国航天局合作研制的重力反演与气候实验卫星 GRACE(gravity recovery and climate experiment)发射。GRACE 卫星提供的时变重力场首次实现对陆地水储量变化的检测,其分辨率在月时间尺度上达到 1 厘米等效水高,极大程度地弥补了遥感卫星只能反演地表几厘米厚度的土壤湿度、地面陆地水观测台站只能观测个别地点水储量的变化以及地表观测台站稀少等不足,为定量研究陆地水的储量变化提供了前所未有的机遇。利用 GRACE 卫星数据监测地下水储量、蒸散和干旱等研究结果表明,由 GRACE 获得的地下水储量、蒸散和土壤湿度等参量与实测数据有较高的一致性,很好地补充了地面观测的不足。目前,美国 NASA 每周发布基于 GRACE 的地下水和土壤水分的干旱指数业务产品,该产品由 GRACE 观测的陆地水储存量与其他观测数据集成,并使用一个复杂的陆面水和能量过程的数值模型获得(http://drought.unl.edu/MonitoringTools/NASA-GRACEData-Assimilation.aspx)。GRACE 卫星空间分辨率为 166 千米,空间分辨率较粗,适用于大范围干旱监测。2009 年 3 月,欧洲太空局(ESA)发射欧洲首颗利用高精度和高空间分辨率技术提供全球重力场模型的卫星 Goce,空间分辨率 80 千米,目前该卫星已经成功完成其探测使命。2016 年美国 NASA 发射 GRACE-on,空间分辨率比 GRACE 有很大提高,达 66 千米,对干旱的监测能力将大幅度提高。图 8.5 为基于重力卫星反演的 2018 年 4 月 9 日地下水及土壤湿度监测结果,图中显示出在美国西海岸的加利福尼亚州南部、西南部的犹他州、亚利桑那州及得克萨斯州西部、中部的伊利诺伊州、东部的弗吉尼亚州等地均发生干旱。

8.3　干旱预测

干旱预测首先要分析干旱的成因。Cook 等(2009)一通过海温强迫大气环流模式拉尼娜的研究表明,20 世纪 30 年代北美的严重干旱与那些由于拉尼娜造成的典型干旱事件不同。拉尼娜通常造成美国中部和北部平原的严重干旱、几乎整个大陆的高温异常以及大范围的沙尘暴。人类活动造成的地表退化不仅导致 20 世纪 30 年代的沙尘暴,而且加重了干旱程度,这些因素使受海温异常影响的干旱转变为美国地区所经历的最严重的生态灾难。Schubert 等(2004)的研究亦表明,20 世纪 30 年代美国的严重干旱,与热带海表温度异常引起的大气环流异常及陆-气相互作用有关。研究还表明,美国半数以上的年代际尺度的干旱都可归因于太平洋 10 年涛动(PDO)和大西洋年代际涛动(AMO)的异常变化(McCabe et al,2004)。1996 年、1999—2002 年,影响美国的大范围干旱都与北

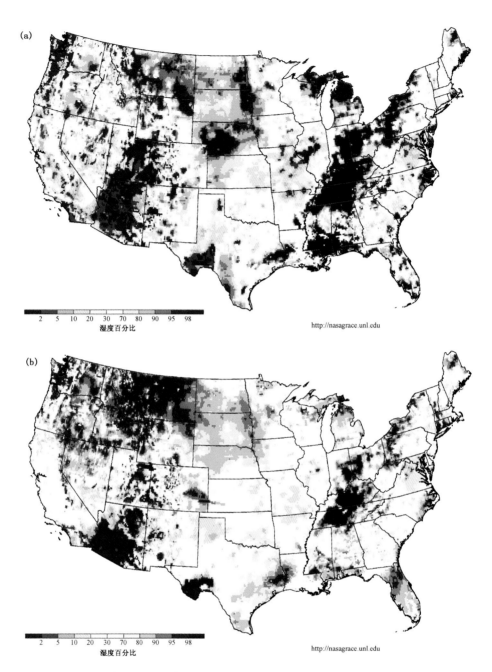

图 8.5　2018 年 4 月 9 日美国基于重力卫星的地下水(a)及土壤湿度(b)监测结果

Fig. 8.5　Monitoring of groundwater and soil moisture using the gravity satellite

大西洋变暖(AMO 正位相),以及东北和热带太平洋变冷(PDO 冷位相)相联系。许多干旱频率的长期可预报性都可基于北大西洋年代际的活动规律。

8.3.1　预测方法介绍

干旱预测的问题基本上归结为几个关键气象变量(即降水和温度)的预测,主要依靠两个方面的手段:统计方法和动力方法。

统计方法是基于对干旱成因的分析,通过统计诊断方法,寻找干旱的发生与不同影响因子之间的联系,找到影响降水或气温变化的强信号或建立降水与影响因子之间的关系,再借助于对月、季、年降水(或干旱指数)的趋势预测来对干旱进行预测。Barros 等(2008)通过主成分分析、小波分析等统计方法,识别并选择预报因子(如 ENSO 事件、特定区域的海表温度异常、对外长波辐射及风应力异常等),结合线性/非线性拟合及多元回归分析,构建预报因子与降水之间的概念模型。例如,回归模型和集合径流预测(ensemble streamflow prediction,ESP)大多是基于历史记录的经验关系,不考虑基本的物理机制,这种方法已经被用于干旱监测与预测系统(drought monitoring and prediction systems,DMAPS)的发展中(Hao et al,2014;Lyon et al,2012)。统计方法(主要是集合径流预测(ESP))从初始条件中获取可预测性,对未来天气或气候预测也是纯统计的。这种方法的干旱预测通常作为动力预报的基准,并可在特定季节/区域提供补充预报信息。

动力方法依赖于大气环流模式(天气预报模型或季节性气候模型的延伸),它通常基于大气、海洋、陆面及冰冻圈的物理过程,是气候(包括气象干旱)预测的最先进工具。季节性气候的可预测性来自热带海洋的记忆,通常是通过海洋与大气的联系,以及其他区域性的前兆因子,如平流层条件和土壤湿度异常(Yuan et al,2015)。例如,美国南部大平原地区的干旱受 ENSO 的影响较显著,通过动力方法很好地预测出 2011 年得克萨斯州的干旱。2012 年美国中西部地区的干旱表明,自然(非强迫)因素和大气内部更为混乱的变化导致干旱的发生,与海表温度异常现象并没有联系,这种干旱在 2012 年春天迅速出现,并被称为"骤发性干旱"。对这种干旱的预测并不容易,这一问题正被 DFT(drought force task)相关研究人员积极分析研究。

由于低分辨率和模式本身误差的限制,偏差的订正和降尺度等问题需要更好地解决。发展用于干旱预测的模式,要求与水文模型相耦合,并与统计方法的尺度匹配。动力气候预测时,在气象强迫条件的驱动下,水文模型或陆面模式可用于将气候异常转换为水文变量/通量的变化,用于表征农业和水文干旱状态。同时,基于模式输入数据的多源化、输出产品在表述干旱特征方面的差异及水文气候预测与农业相联系的不确定性,对干旱预测产品的可靠性评估也非常重要。水文集合预报试验项目在提高集合预报及诸如干旱或洪涝等极端水文事件预报的不确定性方面已有重要举措。由于统计和动力方法具有各自的优缺点,综合两种方法(或混合动力统计方法)有利于干旱监测预报系统(DMAPS)预警能力的提升。

8.3.2 美国干旱业务预测能力

目前,美国每月干旱展望(MDO)和每季干旱展望(SDO)由 NOAA/NCEP 气候中心依靠对温度、降水的短期和中长期预报及结合多位专家的预报经验制作完成,其预报信息包括 NCEP 气候预测系统(CFS)的长期预测结果、NCEP 全球预报系统(GFS)和 ECMWF 的短期预测结果,以及当前 USDM 干旱监测图。这一过程产生了一幅对当前 USDM 干旱严重程度变化的预测图。图 8.6 为 2018 年 3 月 31 日制作的 2018 年 4 月的美国月尺度干旱展望及 2018 年 3 月 15 日制作的 2018 年 3 月 15 日至 6 月 30 日的美国季节尺度干旱展望。

新开发的季节性预测系统 NMME(North American multimodel ensemble)提供了分析这两种干旱(一般的干旱事件和骤发性干旱事件)的潜力,以及更广泛的干旱预测模型。这将进一步加深对干旱预测能力的理解,同时也有助于定义预测的不确定性。

自 2011 年以来,该系统一直在 NOAA 气候预测中心进行开发和测试,得到了 NOAA CPO MAPP 项目的支持,并与 NSF、DOE 和 NASA 项目合作。NMME 系统利用了在大学和遍布北美的各种研究实验室及中心的耦合模型预测系统的大量研究和开发活动。基于 NMME 的标准化降水指数(SPI)是专门为干旱预测应用而计算的。该系统的试验表明,总体上预测系统的规模和模型的多样性都在增强季节预报技术,超出了当前的 NCEP 动力学模型(CFSv2),并使预测模型预测的不确定性增大。美国国家海洋和大气管理局目前正在将 NMME 系统转换为业务预测系统。研究还探讨了如何使用 NMME 气象预报结果作为水文预报模型的强迫资料,评估未来的陆面演变。美国

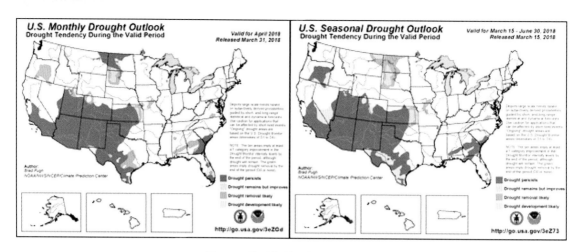

图 8.6　美国每月及每季预测结果

Fig. 8.6　Monthly and seasonal drought outlook in the United States

东南部地区在冬季表现出比夏季更高的预测技巧,NMME 通常能够预测冬季季节的变化。在 2006—2007 年美国东南部地区的干旱期,NMME 在极端干旱的季节中,短时间内表现出了适度的预测技巧,但在干旱的最干燥阶段缺乏长期的技巧。

另一个值得注意的研究成果是,将来自于学术机构(如普林斯顿大学)的水文/陆面预测系统(或模式)发展和转变为可业务化的预报系统。例如,气候-陆面(CFSv2-VIC LSM)季节预报系统,该系统具备提供无缝隙监测及季节预测的能力。

8.4　区域干旱信息系统(DMAPS)

在过去的几十年中,DMAPS 的发展已在包括美国、欧洲(如欧洲干旱观测台)、中国、非洲等许多国家和地区取得了进展。比如,在美国,全美干旱综合信息系统(NIDIS)提供了一系列干旱监测和预测的干旱指标和系统,如北美干旱监测(NADM)、美国干旱监测(USDM)、地表水供应指数(SWSI)。但在遭受经常性干旱影响的某些地区或国家,如南美洲的一些国家,尚未建立起全面的干旱信息系统。由于全球气候的多样性和复杂性,区域干旱监测及预测体系(DMAPS)的发展和实施需要对所涉及地区的各干旱指标的适用性进行分析。例如,美国西部 DMAPS 所使用的地表水供应指数(SWSI)中就包含了积雪信息。

表 8.1 列出了近几年来全球不同区域干旱监测预测系统(DMAPS)的发展,包括植被状况等不同方面的干旱监测信息。这个表并不全面,但阐述了近期 DMAPS 的发展。在区域尺度上(除非洲等稀疏观测网络的区域),耦合了气候模型和水文模型,提高了在水循环方面的监测和预测能力,并且提供了相对较长时期的时间序列,这是区域干旱监测、预测系统产品的显著特点。一般可以通过地面观测、模式模拟和遥感产品对较长时间序列的干旱模拟进行评估,并对数据的可靠性进行改进。因此,对不同干旱类型的特征进行综合表述是可行的。在美国,普林斯顿大学利用现有的观测网、先进的陆面和气候模式及创新的统计方法建立了一套适用于干旱监测与预测的干旱指标,用来发展区域 DMAPS。此外,与植被或蒸散有关的干旱状况被基于遥感的干旱指数(如 NDVI 或 ESI)所监测。除了在连续的时段上使用干旱指标评估干旱外,在干旱监测中也包含了离散的干旱类别(或等级),这有助于在干旱管理方面给出及时反应。

USDM 干旱等级的划分已作为美国发展干旱监测与预测系统(DMAPS)的基准。除此之外,可通过优化干旱区域百分比或将 USDM 作为初始条件对干旱类型进行回归。例如,基于 NLDAS-2 的数据,利用客观混合 NLDAS 干旱指数(OBNDI)方法,发展了一个自动识别干旱区域的方法,用于客观生成或重建类似 USDM 的干旱监测图,基于 NLDAS-2 的干旱指标,利用这种方法重建了 1988 年 USDM 干旱等级,结果表明 1988 年美国遭受了严重干旱(Xia et al,2014)。除了监测干旱的现状外,干旱趋势(如干旱持续、缓解或恢复)也被用来表征或预测干旱的演变特征,如美国月(季节)干旱展望(MDO 或 SDO,http://www.cpc.ncep.noaa.gov/products/Drought/)。然而,所有这些干旱信息系统中常见的是用于表征干旱特征的物理指标,用于表征干旱影响的信息却很少被纳入该系统,除了 USDM 中的干旱影响报告(DIR)等少数干旱影响信息。随着干旱信息系统的发展,DMAPS 的业务化运行也得到发展,其目的是为政府决策者提供参考。在这方面的最新进展之一,是将普林斯顿大学的试验性水文预报系统移植到 NOAA/NCEP,作为 NOAA 气候试验的一部分进行业务化运行(Huang,2016;Wood et al,2015)。

表 8.1　美国区域干旱信息系统(DMAPS)

Table 8.1　Regional drought monitoring and prediction systems for the United States

名称	区域	指标	时间尺度	分辨率	参考文献或网址
U. S. drought monitor	美国	干旱等级	周	N/A	Svoboda et al(2002) http://droughtmonitor.unl.edu/
North American drought	北美洲	干旱等级	月	N/A	Lawrimore et al(2002)
the princeton U. S. drought monitoring and prediction system	美国	Percentile of P, S, SWE and R	月	0.125°	Luo and Wood(2015) http://hydrology.princeton.edu/forecast/current.php
NLDAS drought monitor and seasonal drought forecast	美国	Percentile of P, E, R and SWE	日、周、月	0.125°	Xia et al(2014) http://www.emc.ncep.noaa.gov/mmb/nldas/drought
U. S. monthly (seasonal) drought outlook	美国	干旱趋势	月、季	N/A	http://www.cpc.ncep.noaa.gov.products/Drought/
University of Washington surface water monitor	美国	SPI, SRI, Percentile of S, R and SWE	周、月	0.5°	Wood(2008);Wood and Lettenmaire(2006) http://www.hydro.washington.edu/forecast/monitor
evaporative stress index	美国、北美洲、南美洲	ESI		0.098°	Anderson et al(2011) http://hrsl.arsusda.gov/drought/
U. S. -Mexico drought prediction tool	美国—墨西哥	SPI		0.5°	Lyon et al(2012);http://iridl.ldeo.columbia.edu/maproom/Global/Drought/N _ America/index.html

8.5　全球干旱信息系统(GDIS)

由于缺乏覆盖全球的长时间序列的临近实时强迫数据集,全球干旱信息系统的发展具有挑战性。目前被推广应用的一个试验性的全球干旱信息系统(GDIS)正在发展,它包括实时监测和预测。卫星遥感是提供全球降水的唯一可行的方法,因此,覆盖全球的干旱监测与预测系统的发展只能通过遥感、地面观测及陆面模式模拟重建长期的历史数据来实现。表 8.2 列出了全球范围干旱信息系统的发展及其发布的产品。

表 8.2 全球干旱信息系统（GDIS）
Table 8.2 Global drought monitoring and prediction systems

名称	指标	时间尺度	分辨率	参考文献或网址
NOAA/NESDIS Global vegetation health products	VCI，TCI，VHI，NDVI	周	4 千米，16 千米	http://www. star. nesdis. noaa. gov/smcd/emb/vci/VH/vh_browse. php
University College London global drought monitor	SPI, PDSI, and category	月	1°	Lloyd-Hughes and Saunders（2007）http://drought. mssl. ucl. ac. uk/
standardized precipitation evapotranspiration index （SPEI）global drought monitor	SPEI	月	0.5°	Vicente-Serrano et al（2010）http://sac. csic. es/spei/
global terrestrial drought severity index	DSI	每 8 天	0.05°，0.5°	Mu et al（2013）http://www. ntsg. umt. edu/project/dsi
global drought monitoring portal	SPI	月	N/A	http://www. drought. gov/gdm/
global integrated drought monitoring and prediction system	SPI, SSI, MSDI	月	0.5°，2/3°×1/2°，1°，2.5°	Hao et al（2014）
GPCC drought index product	GPCC-DI	月	1°	Ziese et al（2014）http://ftp. dwd. de/pub/data/gpcc/html/gpcc-di_doi_download. html
multi-model global drought information system（GDIS）	Percentile of S, SWE	月	0.5°	Nijssen et al（2014）
Princeton's global seasonal hydrologic forecasting system	Percentile of S and R	月	1°	Yuan et al（2015）http://hydrology. princeton. edu/

　　全球干旱监测目前仍处于初期阶段，主要集中在气象干旱（或与植被有关的干旱）。近几十年来，遥感技术的进步使得与植被或蒸散相关的全球干旱监测得到进一步发展。由于缺乏全球尺度的长期强迫数据集向陆面模型提供初始条件，水文和农业干旱在全球尺度上的监测非常困难，只有少数 DMAPS 发展到对全球尺度的水文干旱监测（Hao et al，2014；Nijssen et al，2014；Yuan et al，2015）。NCEP 气候预测系统（CFS）、北美多模式集合（NMME）或欧洲中心中期天气预报（ECM-WF）季节性气候预测已实现了全球尺度的干旱预测。因此可以看出，发展全球干旱预测系统虽然困难重重，但仍是可行的。图 8.7 所示是普林斯顿大学建立的全球季节性水文预报系统，它采用 NMME 气象集合预报结果驱动 VIC 陆面水文模型，实现极端水文事件的预测。与全球大流域 ESP 预报相比，多模式全球季节预报系统提供了更好的土壤水分干旱监测、更可靠的水文干旱预报产品。目前，全球系统的干旱预测主要是对干旱指数（如 SPI 或土壤湿度/径流百分位数）的预测，对干旱趋势（如干旱发生、持续或恢复）和影响的预测较少，需要进一步的研究与发展。

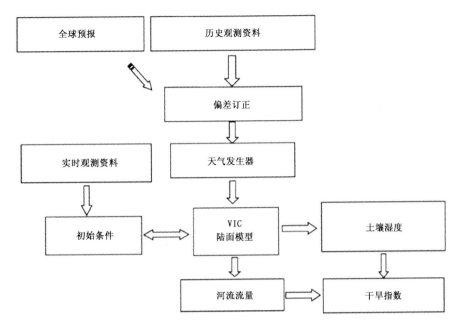

图 8.7 普林斯顿大学全球水文预报系统框架

Fig. 8.7 The frame of Princeton's Global Seasonal Hydrologic Forecasting System

8.6 讨论

8.6.1 已取得的进展

• 综合干旱监测

可靠的干旱监测需要将不同来源的多种水文气候变量或指数集成起来,追踪干旱的多个方面。结合地面观测、遥感产品、陆面模式模拟等对干旱进行监测或预测,在 DMAPS 发展中起到重要作用。这些用于表征干旱特征的空间分辨率较高的数据产品不仅是基于月尺度的,而且在周或日尺度上也是可用的。随着数据产品和工具的进步,综合表征干旱特征的复合干旱指标在过去的十年中一直得以发展,并且在多种干旱指标组合方面取得了实质性进展(Steinemann et al,2015;Bachmair et al,2016)。各种干旱指标不断以地图或其他形式显示和追踪、监测干旱的各个方面,包括干旱的严重程度,持续时间,空间范围,发生、发展、恢复和影响。此外,还将使用者的需求和反馈纳入干旱指标的开发及评价中,协助干旱业务管理的决策。

• 多模型集合的干旱预测

通过集合全球气候模式(GCMs)或陆面系统模式(LSMs)的方法来更好地发展大气环流模式,并在季节尺度的气候或干旱预测方面取得显著进步。例如,根据 NMME 模型第一模态建立的 30 年来季节性干旱数据集已广泛用于干旱气候和水文方面的诊断。NMME 第二阶段也发现,高时频(时间分辨率高)的数据集在研究干旱预测方面(例如,海-气和陆-气相互作用)是可行的。基于气候模式的干旱预测技巧的评估显示出多模式集合的干旱预测的价值。多模式集合不仅使预报技巧得到提高,而且有助于定量化干旱预报中的不确定性。考虑到不同来源固有的不确定性,如季节性气候预测、陆面模式模拟或模式结构等,利用多模式集合技术提高干旱的概率预报极其重要。这些不确定性是水文气候预测和用户需求之间的一个重要桥梁。

8.6.2 机遇与挑战

• 临近实时和长期数据产品

干旱监测和预测系统(DMAPS)的可靠性与准确性在很大程度上取决于水文气象观测(或模拟)数据的质量。对于发展 DMAPS,提供近实时和时间分辨率更精细的长时间序列数据产品是具有挑战性的,尤其是对于全球尺度。历史干旱状况与实时干旱监测预测的一致性是几乎所有区域和全球 DMAPS 面临的关键问题。在一些干旱信息系统中已经部分地解决了这个问题,将历史记录与近实时遥感降水估算相结合(Nijssen et al,2014)或基于短期预报(Dutra et al,2014a,2014b)。例如,华盛顿大学发展的多模式集合(GDIS)基于三个独立的数据集,包括普林斯顿大学的强迫数据集、TRMM 多卫星降水产品和 TMPA 实时资料产品。

此外,干旱总是以相对的方式定义的,干旱监测数据集的固有及特殊要求是一个相对较长的记录(通常需要 30 年的记录)。为了提供长期的气候记录,人们致力于将不同时间/空间尺度或来源不同的数据集合并,例如数据同化等方法。此外,更高空间分辨率的数据产品越来越需要在特定区域上进行干旱评估(例如,1 千米或 100 米的区域)。目前,遥感干旱监测产品受到一些挑战,包括资料时间较短、观测平台的变化造成在时间上的不连续、遥感固有的不确定性等。对于陆面模式的模拟,仍然存在一定的局限性,例如由于水文参数的不同,即使利用相同的强迫数据,却得出不同的模拟结果。

• 干旱指标的发展与干旱的影响

缺乏国际公认的、能够表征不同类型的干旱定义或干旱指标是 DMAPS 持续发展的障碍,特别是水文干旱和农业干旱。此外,目前使用的干旱指标的某些局限性,例如在跨时间和空间尺度上统计的不一致,不同类型干旱指标的不可比性,以及主观指标阻碍了干旱等级的有效性等。虽然基于多指标的综合干旱监测得到了较高的认可,但客观指标和综合多源数据信息方法的发展需要与使用者的需求联系在一起,这仍然很具有挑战性(Steinemann et al,2015;Wood et al,2015)。目前,大多数 DMAPS 基于物理指标,只有很少指标与社会经济和环境的影响相联系。近些年,干旱指标的发展将干旱的影响和物理表象相结合,提高了干旱监测能力,也综合考虑了社会和生态系统脆弱性等影响,对 DMAPS 的发展是重要机遇。例如,跨国驱动项目 DrIVER(干旱的影响:脆弱性阈值及干旱预警研究)旨在研究综合物理表象和社会经济影响的干旱指标,加强北美、欧洲和澳大利亚等地区的自然干旱特征与生态经济社会影响之间联系的研究。虽然在量化干旱的影响方面存在一定的挑战,如作物产量的统计、遥感对植被胁迫的研究等,但仍尽可能在这一方面做出努力,如欧洲的干旱影响报告 EDII 和 DIR(Bachmair et al,2016)。如何更好地利用不同来源的数据,建立并发展出关系到不同行业用户的需求及不同尺度干旱影响的指标,从而更新和完善 DMAPS,仍然是一个挑战。

• 干旱预报技术的评估与改进

基于水文气象的干旱预测能力随季节、区域和提前时间而变化。因此,系统地评估预报技术(及其不确定性)对干旱预报产品的使用尤为重要。季节性气候的年代际回报产品方便模式对干旱预测能力的分析。例如,气候预测系统第 2 版(CFSv2)和其以前的版本(CFSv1)对季节预测的回报结果已用于强迫陆面水文模式,对美国本土 27 a 的土壤水分季节性回报进行校准,不同提前期和目标月份的预测结果表明,动态预报与 ESP 预报相比有更高的价值,具有超前预报的优势(初始条件影响较小)。冬季预测能力一般较高,原因在于初始场对土壤湿度的控制和/或气候模式对冬季降水的预报较好,但在其他季节(长时间预报)相对较低。这些结果强调了一个事实,即改善某些季节(如夏季)、区域及提前 1 个月的时间(或超出由初始条件控制的提前时间)的季节性干旱(或降水)

的预测能力仍存在挑战(Wood et al,2015)。

提高对干旱机制和可预报性的认识,对干旱预测具有重要意义。虽然干旱通常是在较长时间内定义的(例如,数月),但旱灾的发生和终止也可能发生在次季节尺度上,例如骤发型干旱。因此,干旱(或水文)预报的改进和提高可以通过无缝隙(或次季节到季节)预报来实现,综合天气和气候预报,考虑这些时间尺度内干旱的发生或发展。多模式集合预报也有可能提高干旱的预报能力。建立可靠的模式集合,将不同气候预测模式的多样性和不确定性相结合,利用动态和统计的集合预报方法提高预报技能,评估目前的干旱预测(和监测)能力,并结合最新进展,对改进区域和全球范围的干旱信息系统至关重要。NOAA 的抗旱工作组(DTF)抗旱能力评估协议,有助于量化干旱监测/预测能力,例如干旱评价指标、数据的验证、典型干旱事件的研究等(Wood et al,2015),这将有助于 DMAPS 在美国和其他区域的改进与提高。

参 考 文 献

常宏，2007. 对夏季南亚高压、西太平洋副高、东北太平洋高压相互关系的研究[D]. 南京:南京信息工程大学.

龚志强,王艳娇,王遵娅,等,2014.2013 年夏季气候异常特征及成因简析[J].气象,40(1):119-125.

郭铌,王小平,2015. 遥感干旱应用技术进展及面临的技术问题与发展机遇[J]. 干旱气象,33(1):1-18.

国家气候中心,2013. 全国气候影响评价[M]. 北京:气象出版社.

侯威,陈峪,李莹,等,2014.2013 年中国气候概况[J].气象,40(4):482-493.

黄荣辉,刘永,王林,等,2012.2009 年秋至 2010 年春我国西南地区严重干旱的成因分析[J].大气科学,36(3):443-457.

刘洪岫,2014. 2013 年全国旱灾及抗旱行动情况[J].中国防汛抗旱,24(1):20-23.

马永永,2016.近 500 年来亚洲干旱变化的树轮记录研究[D].北京:中国科学院大学.

陶诗言,朱福康,1964. 夏季亚洲南部 100 毫巴流型的变化及其与西太平洋副热带高压进退的关系[J].气象学报,34(4): 385-399.

王艳姣,高蓓,周兵,等,2014. 2013 年全球重大天气气候事件及其成因[J]. 气象,40(6):759-768.

王遵娅,周兵,王艳姣,等,2013.2013 年春季气候异常特征及其可能原因[J].气象,39(10):1374-1378.

杨辉,李崇银,2005. 2003 夏季中国江南异常高温的分析研究[J].气候与环境研究,10(1):80-85.

张德二,梁有叶,2010.1876—1878 年中国大范围持续干旱事件[J].气候变化研究进展,6(2):106-112.

中国气象局,2014.中国气象年鉴(2014)[M]. 北京:气象出版社,

中国气象局,2015. 中国气象灾害年鉴(2014)[M].北京:气象出版社.

Allen M R, Tett S F B, 1999. Checking for model consistency in optimal fingerprinting[J]. Climate Dynamics,15: 419-434.

Anderson M C, Hain C, Wardlow B, et al, 2011a. Evaluation of drought indices based on thermal remote sensing of evapotranspiration over the continental United States[J]. *J Climate*, **24**: 2025-2044.

Anderson M C, Kustas W P, Norman J M, et al, 2011b. Mapping daily evapotranspiration at field to continental scales using geostationary and polar orbiting satellite imagery[J]. *Hydrology Earth System Sciences*, **15**: 223-239.

Bachmair S, Stahl K, Collins K, et al, 2016. Drought indicators revisited: the need for a wider consideration of environment and society[J]. *Wiley Interdisciplinary Reviews: Water*, **3**(4):516-536.

Barros A P, Bowden G J, 2008. Toward long-lead operational forecasts of drought: An experimental study in the Murray-Darling River Basin[J]. *J Hydrology*, **357**:349-367.

Cook B I, Miller R L, Seager R, 2009. Amplification of the North American "Dust Bowl" drought through human - induced land degradation[J]. *Proceedings of the National Academy of Sciences of the United States of America*, **106** (13):4997-5001.

Dutra E, Pozzi W, Wetterhall F, et al, 2014b. Global meteorological drought-Part 2: Seasonal forecasts[J]. *Hydrol Earth Sys Sci*, **18**: 2669-2678.

Dutra E, Wetterhall F, Di Giuseppe F, et al, 2014a. Global meteorological drought-Part 1: Probabilistic monitoring[J]. *Hydrol Earth Sys Sci*, **18**: 2657-2667.

Hao Z, AghaKouchak A, Nakhjiri N, et al, 2014. Global integrated drought monitoring and prediction system[J]. *Sci. Data*, 1, 140001. doi: 10.1038/sdata.2014.1.

Huang J S, Wood M, Schubert A, et al, 2016. Research to Advance National Drought Monitoring and Prediction Capabilities, NOAA Interagency Drought task Force. NOAA/Modeling Analysis Predictions and Projections. 29pp.

Jesslyn F Brown, Brian D Wardlow, Tsegaye Tadesse, 2008. The Vegetation Drought Response Index (VegDRI): A New Integrated Approach for Monitoring Drought Stress in Vegetation[J]. *GIScience and Remote Sensing*, **45**:16-46.

Karnie Li, Bayasgalan M, Bayarjargal Y, 2006. Comments on the use of the Vegetation Health Index over Mongolia[J]. *International J. Remote Sensing*, **37**: 2017-2024.

Kogan F N, 1997. Global Drought Watch from Space[J]. *Bull Amer Meteor Soc*, **78**: 621-636.

Kogan F N, 2002. World Droughts in the New Millennium from AVHRR-based Vegetation Health Indices[J]. *Eos Trans of Amer Geophys Union*, **83**(48): 557-564.

Lawrimore J, Heim R R Jr, Svoboda M, et al, 2002. Beginning a new era of drought monitoring across North America [J]. *Bull Amer Meteor Soc*, **83**: 1191-1192.

Lloyd-Hughes B, Saunders M A, 2007. University College London Global Drought Monitor [EB/OL]http://drought. mssl. ucl. ac. uk.

Luo L, Wood E F, 2015. Monitoring and predicting the 2007 US drought[J]. *Geophys Res Lett*, **34**(22) :315-324.

Lyon B, Bell M A, Tippett M K, et al, 2012. Baseline probabilities for the seasonal prediction of meteorological drought [J]. *J Climate Appl Meteor*, **51**: 1222-1237.

Martha C A, Cornelio A Z, Paulo C S, et al, 2016. The Evaporative Stress Index as an indicator of agricultural drought in Brazil: An assessment based on crop yield impacts[J]. *Remote Sensing Environ.*, **174**:82-99.

McCabe G J, Palecki M A, Betancourt J L, 2004. Pacific and Atlantic ocean influences on multidecadal drought frequency in the United States[J]. *Proceedings of the National Academy of Sciences of the United States of America*, **101** (12):4136-4141.

Mitchell J F B, Johns T C, Gregory J M, et al, 1995. Climate response to increasing levels of green house gasses and sulphate aerosols[J]. Nature, **376**:501-503.

Mu Q, Zhao M, Kimball J S, et al, 2013. A remotely sensed global terrestrial drought severity index[J]. *Bull Amer Meteor Soc*, **94**: 83-98.

Nijssen B, Shukla S, Lin C-Y, et al, 2014. A prototype Global Drought Information System based on multiple land surface models[J]. *J Hydrometeorolgy*, **15**: 1661-1676.

NOAA National Centers for Environmental Information. State of the Climate: Global Climate Report for Annual 2013, published online January 2014, retrieved on December 13, 2017, https://www. ncdc. noaa. gov/sotc/global/201313.

Perovich D, Gerland S, Hendricks S, et al, 2014. The Arctic Sea ice cover in "State of the Climate in 2013"[J]. Bulletin of the American Meteorological Society, **95**(7), 126-128.

Schubert S D, Suarez M J, Pegion P J, et al, 2004. On the cause of the 1930s Dust Bowl[J]. *Science*, **303**:1855-1859.

Sheffield J, Wood E F, Chaney N, 2014. A drought monitoring and forecasting system for sub-Sahara African water resources and food security[J]. *Bull Amer Meteor Soc*, **95**(6): 861-882.

Steinemann A, Iacobellis S F, Cayan D R, 2015. Developing and evaluating drought indicators for decision-making[J]. *J Hydrometeorol*, **16**: 1793-1803.

Svoboda M, Lecomte D, Hayes M, et al, 2002. The drought monitor[J]. *Bull Amer Meteor Soc*, **83**: 1181-1190.

Tedesco M, Mote T, Fettweis X, et al, 2016. Arctic cut-off high drives the poleward shift of a new Greenland melting record[J]. Nature Communications, 7(11723), doi: 10.1038/ncomms11723.

Vicente-Serrano S M, Begueria S, López-Moreno J I, 2010. A multiscalar drought index sensitive to global warming: The standardized precipitation evapotranspiration index[J]. *J Climate*, **23**: 1696-1718.

WMO, 2013. WMO Provisional Statement on the State of Global Climate in 2013. http://www. wmo. int/pages/media-centre/press_releases/documents/981_zh. pdf.

Wood A W, 2008. The University of Washington Surface Water Monitor: An experimental platform for national hydrologic assessment and prediction. Paper presented at Proceedings of the AMS 22nd Conference on Hydrology, New Orleans, LA.

Wood A W, Lettenmaier D P, 2006. A test bed for new seasonal hydrologic forecasting approaches in the western United States[J]. *Bull Amer Meteor Soc*, **87**: 1699-1712.

Wood E F, Schubert S D, Wood A W, et al, 2015. Prospects for advancing drought understanding, monitoring and prediction[J]. *J Hydrometeorol*, **16**: 1636-1657.

Xia Y, Ek M B, Peters-Lidard C D, et al, 2014. Application of USDM Statistics in NLDAS-2: Optimal Blended NLDAS Drought Index Over the Continental United States[J]. *J Geophys Res-Atmos*, **119**: 2947-2965.

Yuan X, Roundy J K, Wood E F, and Sheffield J, 2015. Seasonal forecasting of global hydrologic extremes: system development and evaluation over GEWEX basins[J]. *Bull Amer Meteor Soc*, **96**: 1895-1912.

Ziese M, Schneider U, Meyer-Christoffer A, et al, 2014. The GPCC Drought Index-a new, combined and gridded global drought index. *Earth System Science Data*, **6**(2): 285-295.

附录 A　全国干旱灾情统计年表

表 A　2013 年全国作物因旱受灾面积、绝收面积及农村因旱饮水困难统计表

Table A　Summary of drought disaster-affected area of crops and disaster-affected population in China in 2013

地区	人口受灾情况		农作物受灾情况		直接经济损失（亿元）
	受灾人口（万人次）	饮水困难人口（万人次）	受灾面积（万公顷）	绝收面积（万公顷）	
北京					
天津					
河北	119.8	1.1	25.0	0.7	2.7
山西	547.1	14.6	100.2	3.4	24.2
内蒙古	228.3	25.3	58.3	2.4	18.2
辽宁	14.9		2.4	0.4	1.6
吉林			0.0	0.0	
黑龙江			0.0	0.0	
上海			0.0	0.0	
江苏	283.4		22.3	1.2	10.9
浙江	397.5	109.9	63.6	5.8	78.1
安徽	1 711.6	154.4	116.5	11.8	83.8
福建	26.9	3	3.2	0.1	1.1
江西	736.7	184.8	57.6	6.9	39.2
山东	19		20.7	0.0	1.2
河南	1 623.2	34.5	84.8	7.2	62.9
湖北	1 579.5	367	186.2	11.0	100.6
湖南	1 849.4	445.7	207.6	42.5	170.3
广东	0.8	0.8	0.8	0.0	0.1
广西	47.3	8.4	5.2	0.6	2.7
海南			0.0	0.0	
重庆	470.1	166.9	30.9	2.7	18.1
四川	2 014.5	534.6	80.0	3.2	79.3
贵州	1 623.1	414.8	117.5	27.1	92.9
云南	1 244.9	359.6	80.7	9.8	66.8
西藏	19.3		0.0	0.0	0.2
陕西	806.2	54.5	40.0	1.0	29.0
甘肃	548.9	115.4	69.5	1.9	10.1
青海	65.3	0.6	4.2	0.0	2.6
宁夏	112.4	47.7	19.4	1.1	3.4
新疆	24.3	3.2	11.6	0.4	4.4
新疆生产建设兵团	1.4		1.9	0.5	0.9
合计	16115.8	3046.8	1410.0	141.6	905.3

来源:《中国气象灾害年鉴 2014》。表中数据不包含香港、澳门特别行政区和台湾省。

附录 B 2013 年气象干旱总日数分布

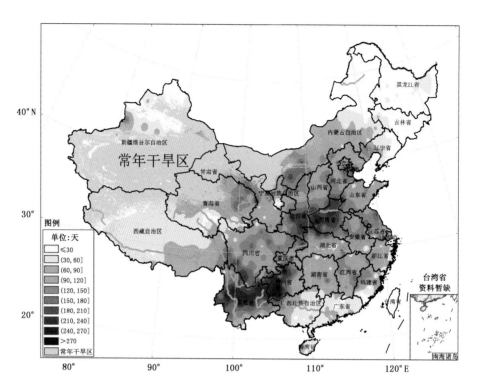

图 B1 2013 年全国干旱总日数分布

Fig. B1 The days of meteorological drought in China in 2013(unit:d)

附录 C 2013 年气象干旱各等级日数分布

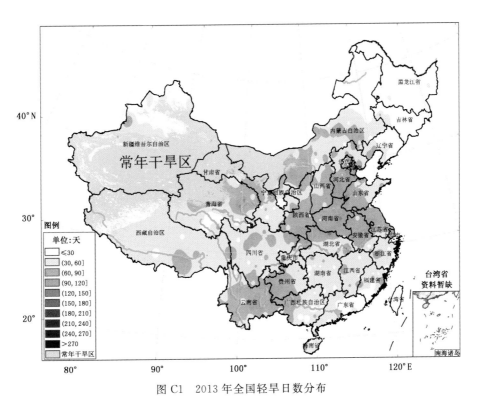

图 C1 2013 年全国轻旱日数分布

Fig. C1 The days under light drought stress in China in 2013（unit：d）

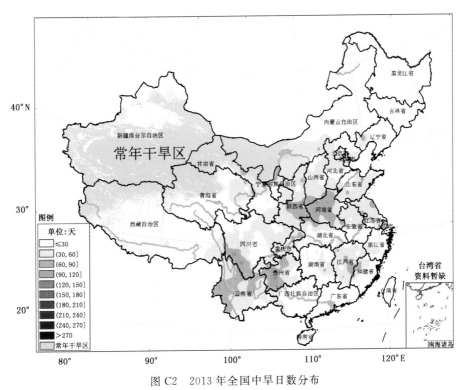

图 C2 2013 年全国中旱日数分布

Fig. C2 The days under moderate drought stress in China in 2013（unit：d）

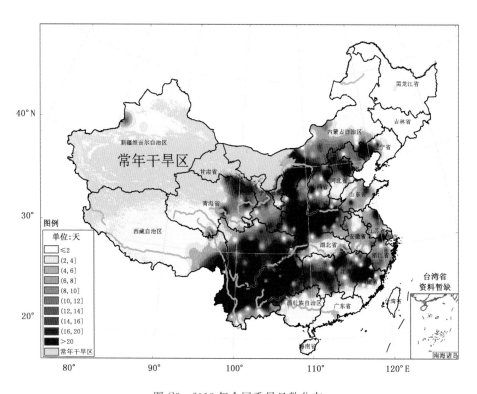

图 C3　2013 年全国重旱日数分布

Fig. C3　The days under severe drought stress in China in 2013（unit：d）

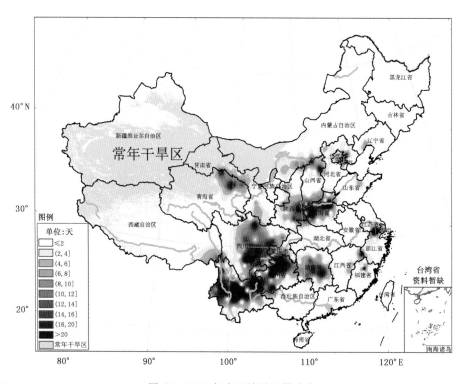

图 C4　2013 年全国特旱日数分布

Fig. C4　The days under extreme drought stress in China in 2013（unit：d）

附录 D 2013 年气象干旱各等级日数距平分布

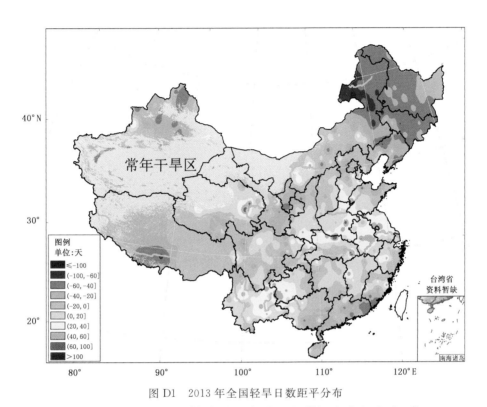

图 D1 2013 年全国轻旱日数距平分布

Fig. D1 The anomaly of light drought days in China in 2013（unit：d）

图 D2 2013 年全国中旱日数距平分布

Fig. D2 The anomaly of moderate drought days in China in 2013（unit：d）

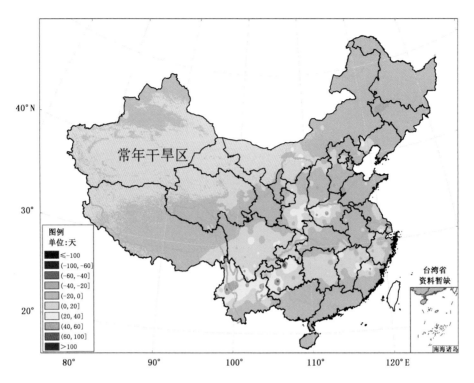

图 D3　2013 年全国重旱日数距平分布

Fig. D3　The anomaly of severe drought days in China in 2013（unit：d）

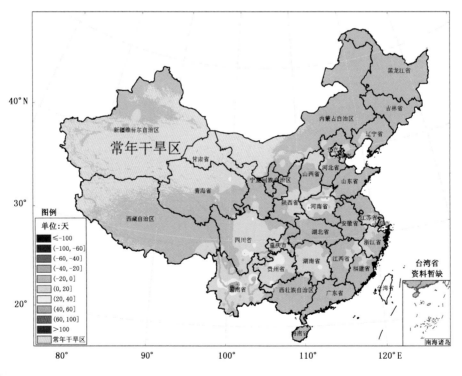

图 D4　2013 年全国特旱日数距平分布

Fig. D4　The anomaly of extreme drought days in China in 2013（unit：d）

附录 E　2013 年各季气象干旱日数分布

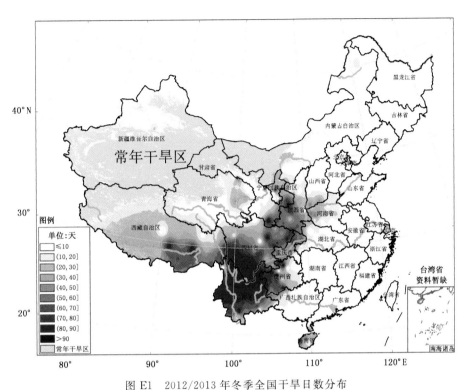

图 E1　2012/2013 年冬季全国干旱日数分布

Fig. E1　The days of meteorological drought in China in winter of 2012－2013（unit：d）

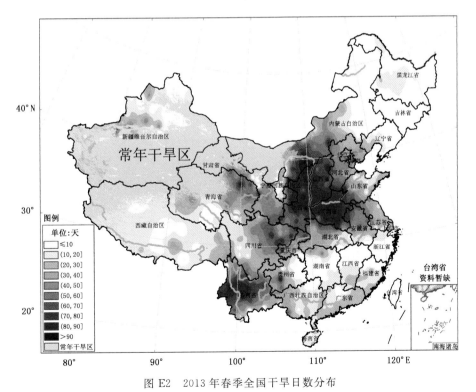

图 E2　2013 年春季全国干旱日数分布

Fig. E2　The days of meteorological drought in China in spring of 2013（unit：d）

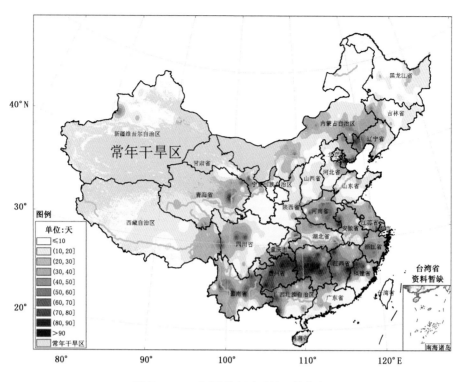

图 E3　2013 年夏季全国干旱日数分布

Fig. E3　The days of meteorological drought in China in summer of 2013（unit：d）

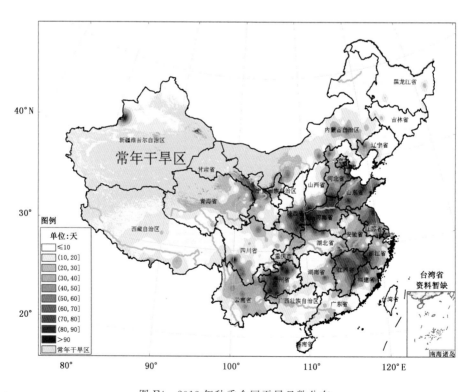

图 E4　2013 年秋季全国干旱日数分布

Fig. E4　The days of meteorological drought in China in autumn of 2013（unit：d）

附录F 2013年各季气象干旱各等级日数分布

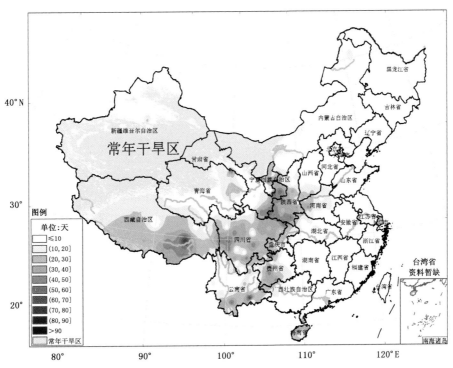

图 F1 2012/2013年冬季全国轻旱日数分布

Fig. F1 The days under light drought stress in China in winter of 2012－2013（unit：d）

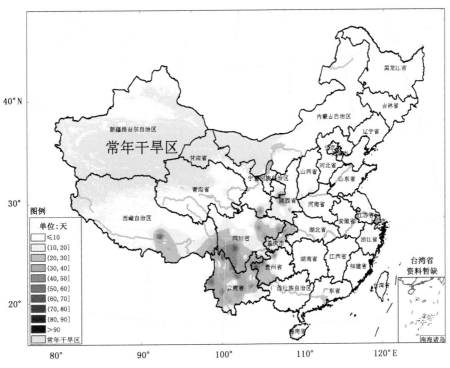

图 F2 2012/2013年冬季全国中旱日数分布

Fig. F2 The days under moderate drought stress in China in winter of 2012－2013（unit：d）

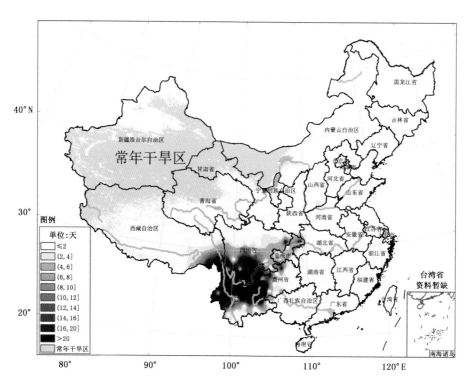

图 F3　2012/2013 年冬季全国重旱日数分布

Fig. F3　The days under severe drought stress in China in winter of 2012－2013（unit：d）

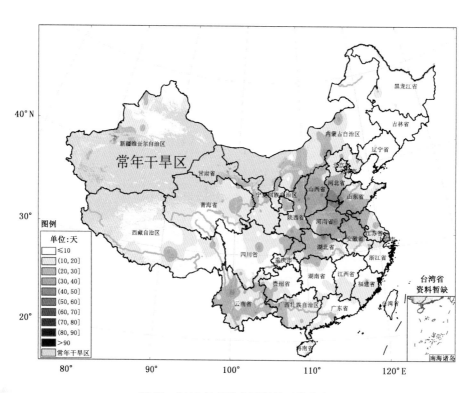

图 F4　2013 年春季全国轻旱日数分布

Fig. F4　The days under light drought stress in China in spring of 2013（unit：d）

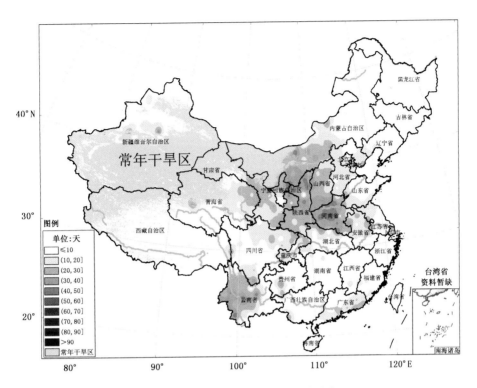

图 F5　2013 年春季全国中旱日数分布

Fig. F5　The days under moderate drought stress in China in spring of 2013（unit：d）

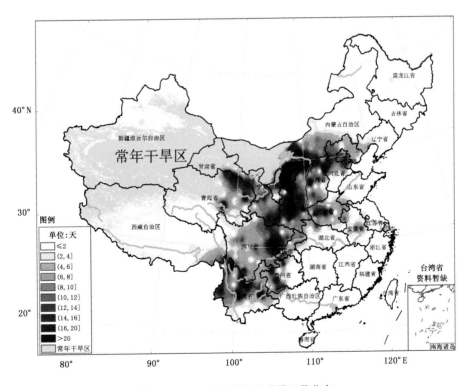

图 F6　2013 年春季全国重旱日数分布

Fig. F6　The days under severe drought stress in China in spring of 2013（unit：d）

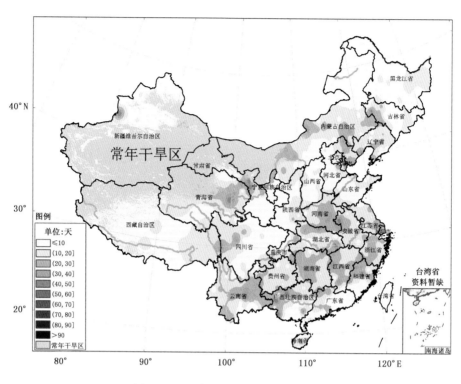

图 F7 2013 年夏季全国轻旱日数分布

Fig. F7 The days under light drought stress in China in summer of 2013（unit：d）

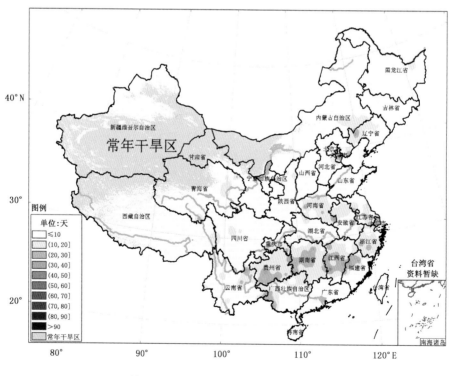

图 F8 2013 年夏季全国中旱日数分布

Fig. F8 The days under moderate drought stress in China in summer of 2013（unit：d）

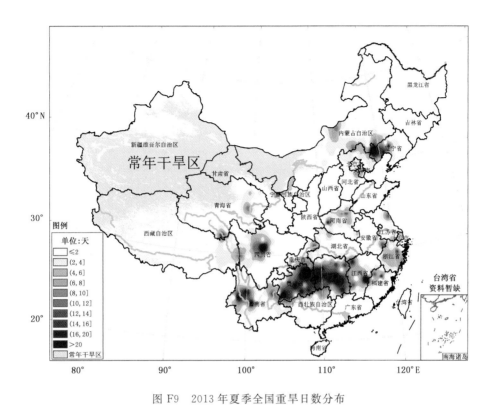

图 F9 2013 年夏季全国重旱日数分布

Fig. F9   The days under severe drought stress in China in summer of 2013（unit：d）

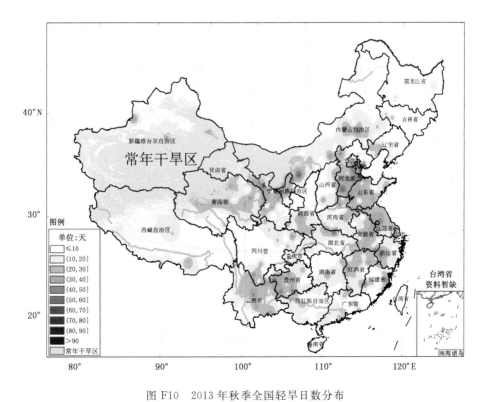

图 F10 2013 年秋季全国轻旱日数分布

Fig. F10   The days under light drought stress in China in autumn of 2013（unit：d）

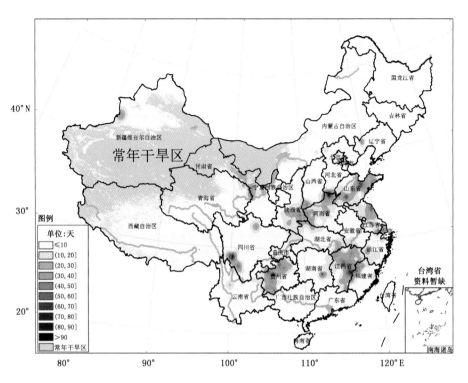

图 F11　2013 年秋季全国中旱日数分布

Fig. F11　The days under moderate drought stress in China in autumn of 2013（unit：d）

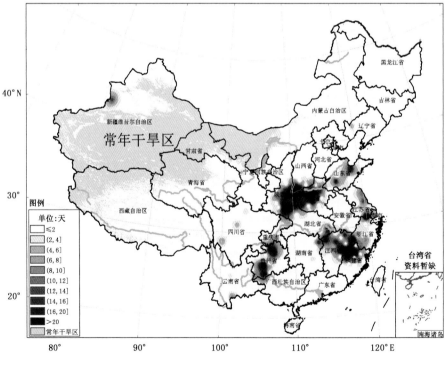

图 F12　2013 年秋季全国重旱日数分布

Fig. F12　The days under severe drought stress in China in autumn of 2013（unit：d）

附录 G 2013年各季气象干旱各等级日数距平分布

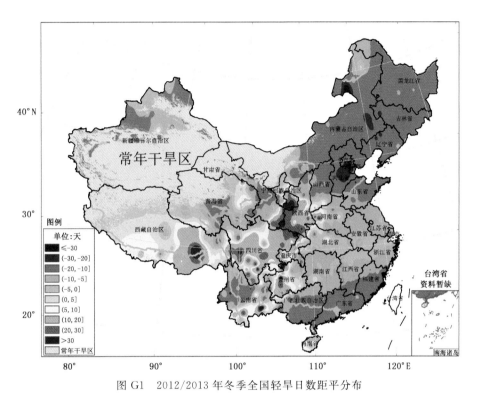

图 G1 2012/2013 年冬季全国轻旱日数距平分布

Fig. G1 The anomaly of light drought days in China in winter of 2012－2013（unit：d）

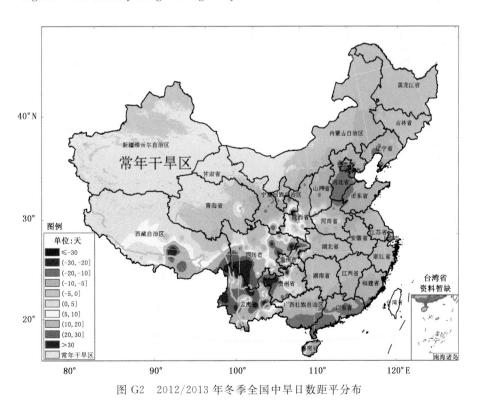

图 G2 2012/2013 年冬季全国中旱日数距平分布

Fig. G2 The anomaly of moderate drought days in China in winter of 2012－2013（unit：d）

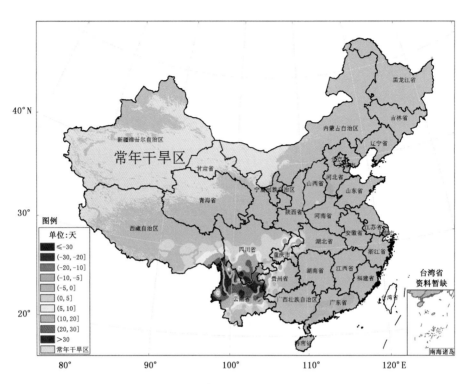

图 G3　2012/2013 年冬季全国重旱日数距平分布

Fig. G3　The anomaly of severe drought days in China in winter of 2012－2013（unit：d）

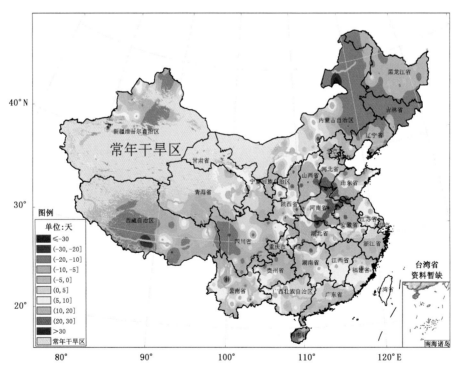

图 G4　2013 年春季全国轻旱日数距平分布

Fig. G4　The anomaly of light drought days in China in spring of 2013（unit：d）

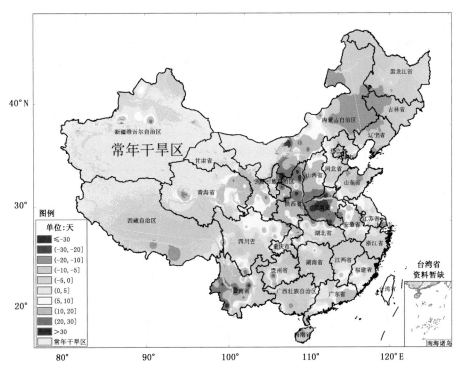

图 G5　2013 年春季全国中旱日数距平分布

Fig. G5　The anomaly of moderate drought days in China in spring of 2013（unit：d）

图 G6　2013 年春季全国重旱日数距平分布

Fig. G6　The anomaly of severe drought days in China in spring of 2013（unit：d）

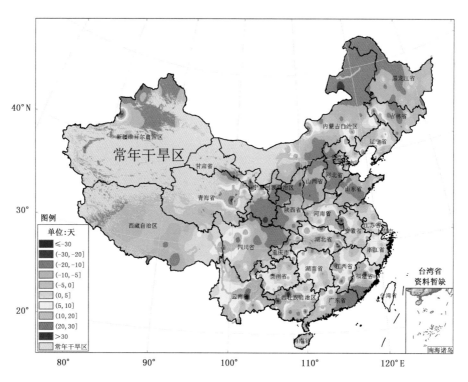

图 G7　2013 年夏季全国轻旱日数距平分布

Fig. G7　The anomaly of light drought days in China in summer of 2013（unit：d）

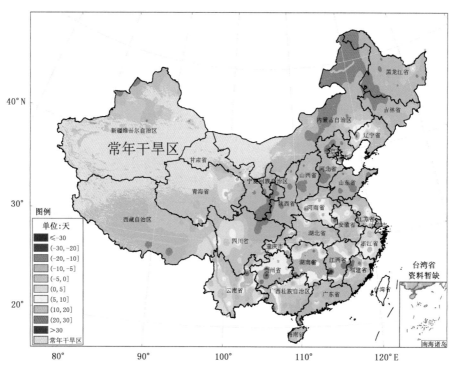

图 G8　2013 年夏季全国中旱日数距平分布

Fig. G8　The anomaly of moderate drought days in China in summer of 2013（unit：d）

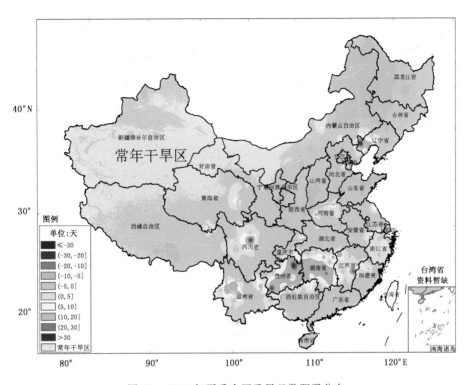

图 G9 2013 年夏季全国重旱日数距平分布

Fig. G9 The anomaly of severe drought days in China in summer of 2013（unit：d）

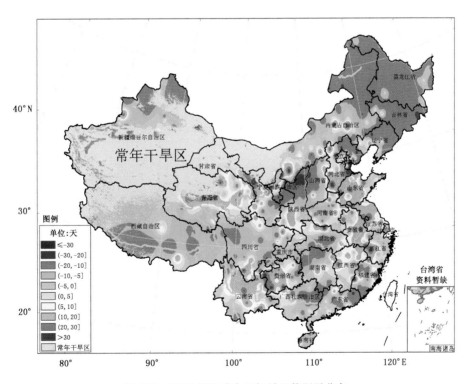

图 G10 2013 年秋季全国轻旱日数距平分布

Fig. G10 The anomaly of light drought days in China in autumn of 2013（unit：d）

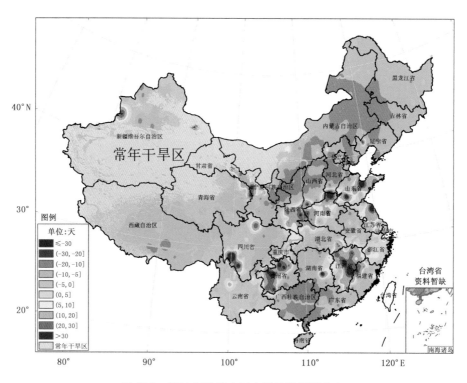

图 G11 2013 年秋季全国中旱日数距平分布

Fig. G11 The anomaly of moderate drought days in China in autumn of 2013（unit：d）

图 G12 2013 年秋季全国重旱日数距平分布

Fig. G12 The anomaly of severe drought days in China in autumn of 2013（unit：d）

附录 H　2013年各月气象干旱日数分布

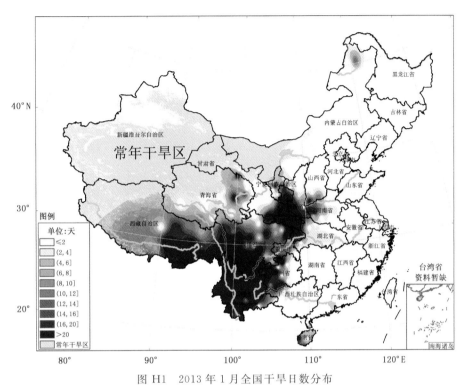

图 H1　2013年1月全国干旱日数分布

Fig. H1　The days of meteorological drought in China in January 2013（unit：d）

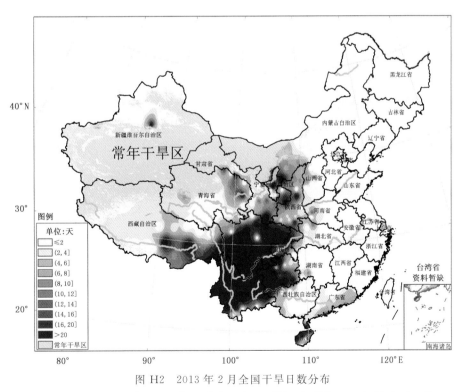

图 H2　2013年2月全国干旱日数分布

Fig. H2　The days of meteorological drought in China in February 2013（unit：d）

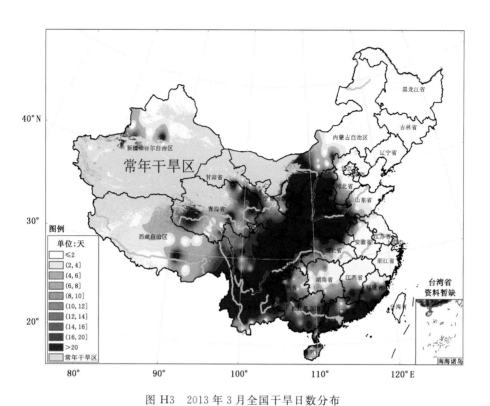

图 H3　2013 年 3 月全国干旱日数分布

Fig. H3　The days of meteorological drought in China in March 2013（unit：d）

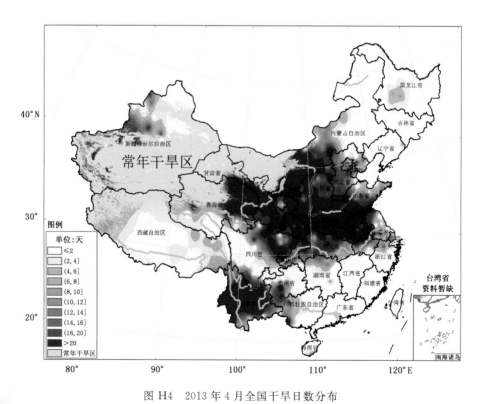

图 H4　2013 年 4 月全国干旱日数分布

Fig. H4　The days of meteorological drought in China in April 2013（unit：d）

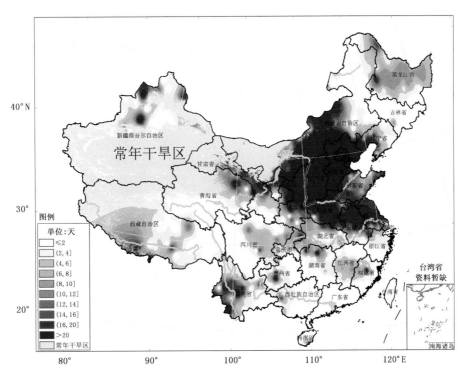

图 H5　2013 年 5 月全国干旱日数分布

Fig. H5　The days of meteorological drought in China in May 2013（unit：d）

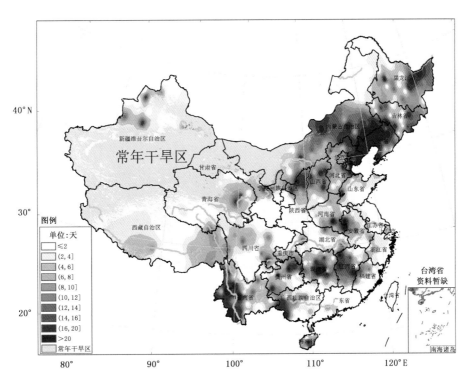

图 H6　2013 年 6 月全国干旱日数分布

Fig. H6　The days of meteorological drought in China in June 2013（unit：d）

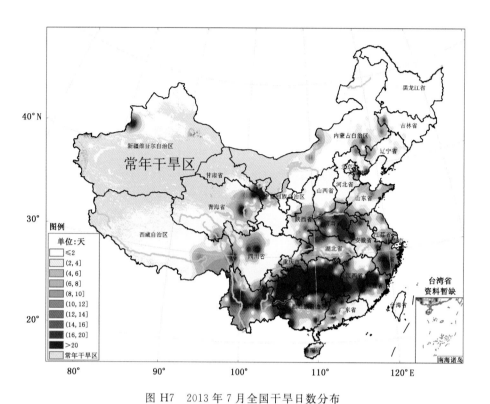

图 H7　2013 年 7 月全国干旱日数分布

Fig. H7　The days of meteorological drought in China in July 2013（unit：d）

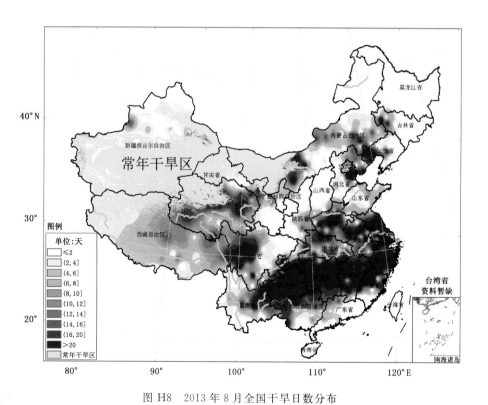

图 H8　2013 年 8 月全国干旱日数分布

Fig. H8　The days of meteorological drought in China in August 2013（unit：d）

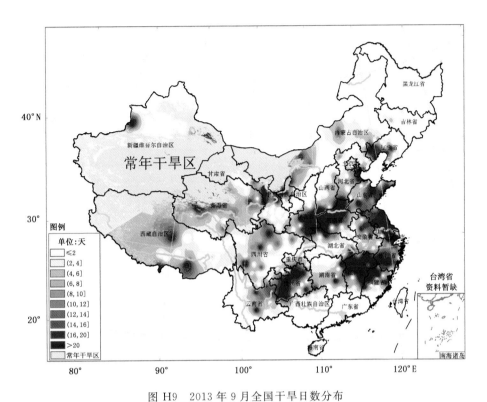

图 H9　2013 年 9 月全国干旱日数分布

Fig. H9　The days of meteorological drought in China in September 2013（unit：d）

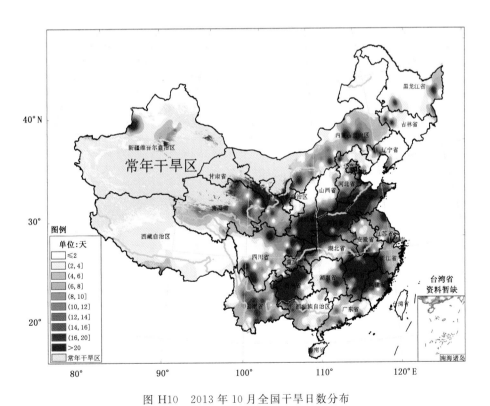

图 H10　2013 年 10 月全国干旱日数分布

Fig. H10　The days of meteorological drought in China in October 2013（unit：d）

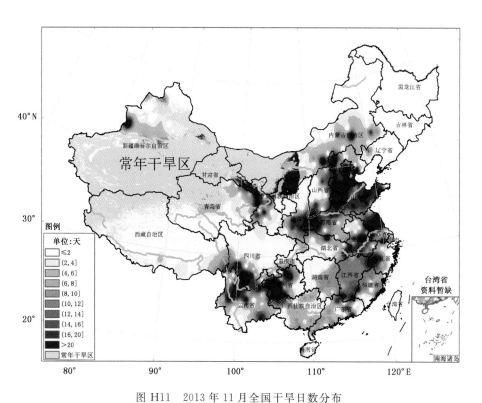

图 H11　2013 年 11 月全国干旱日数分布

Fig. H11　The days of meteorological drought in China in November 2013（unit：d）

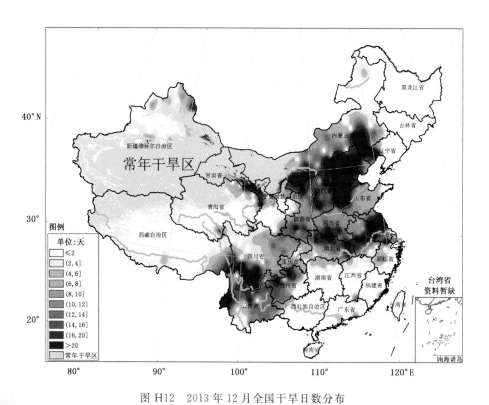

图 H12　2013 年 12 月全国干旱日数分布

Fig. H12　The days of meteorological drought in China in December 2013（unit：d）

附录I 2013年各月气象干旱各等级日数分布

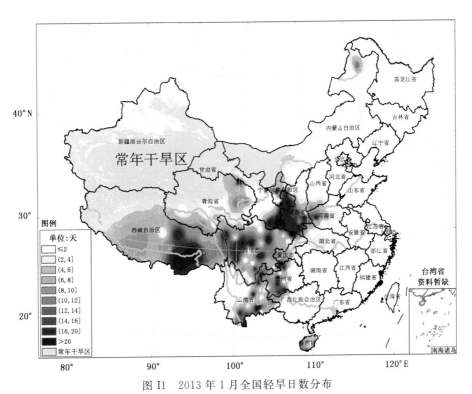

图I1 2013年1月全国轻旱日数分布

Fig. I1 The days under light drought stress in China in January 2013（unit：d）

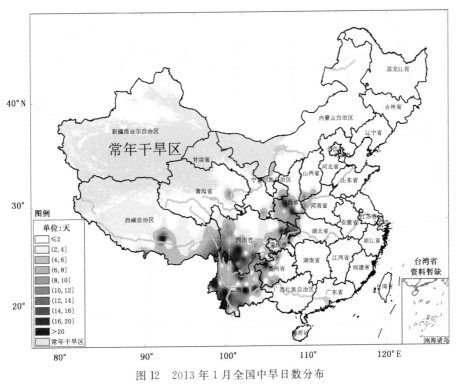

图I2 2013年1月全国中旱日数分布

Fig. I2 The days under moderate drought stress in China in January 2013（unit：d）

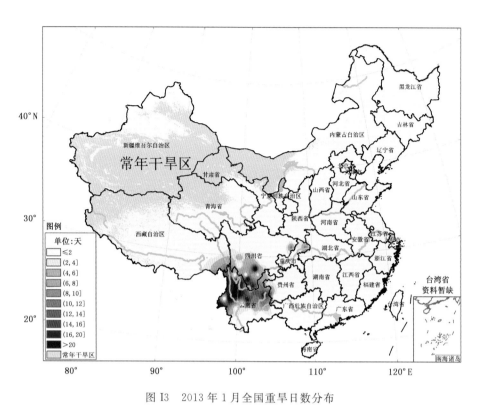

图 I3　2013 年 1 月全国重旱日数分布

Fig. I3　The days under severe drought stress in China in January 2013（unit：d）

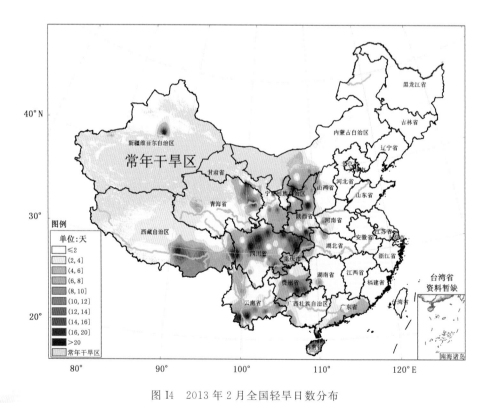

图 I4　2013 年 2 月全国轻旱日数分布

Fig. I4　The days under light drought stress in China in February 2013（unit：d）

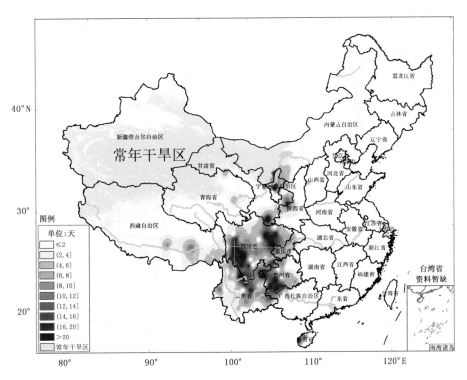

图 I5　2013 年 2 月全国中旱日数分布

Fig. I5　The days under moderate drought stress in China in February 2013（unit：d）

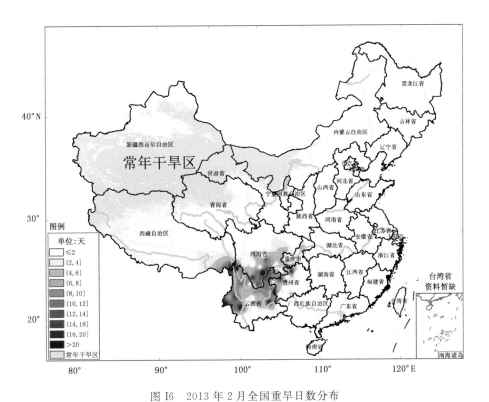

图 I6　2013 年 2 月全国重旱日数分布

Fig. I6　The days under severe drought stress in China in February 2013（unit：d）

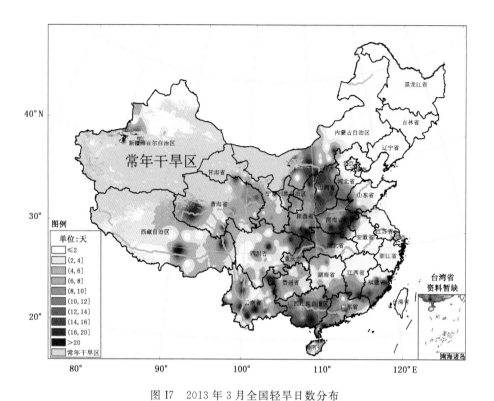

图 I7　2013 年 3 月全国轻旱日数分布

Fig. I7　The days under light drought stress in China in March 2013（unit：d）

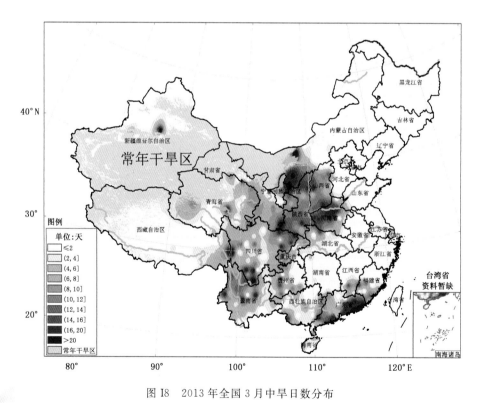

图 I8　2013 年全国 3 月中旱日数分布

Fig. I8　The days under moderate drought stress in China in March 2013（unit：d）

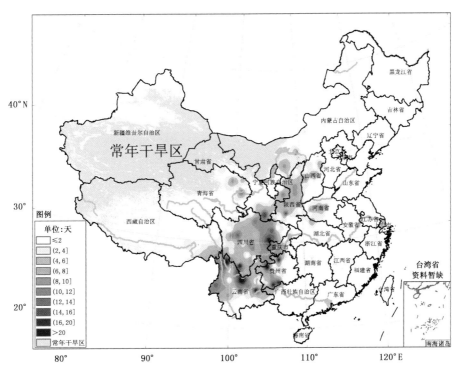

图 I9　2013 年 3 月全国重旱日数分布

Fig. I9　The days under severe drought stress in China in March 2013（unit：d）

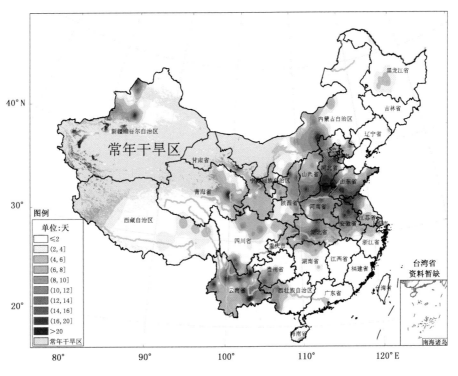

图 I10　2013 年 4 月全国轻旱日数分布

Fig. I10　The days under light drought stress in China in April 2013（unit：d）

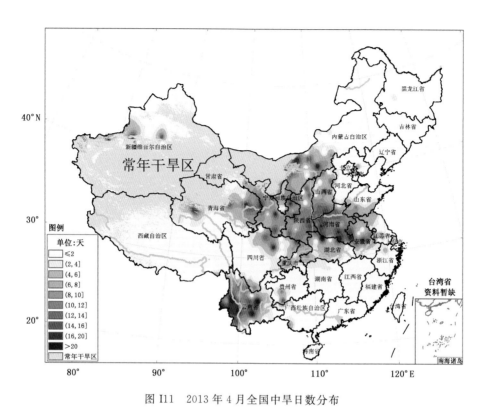

图 I11　2013 年 4 月全国中旱日数分布

Fig. I11　The days under moderate drought stress in China in April 2013（unit：d）

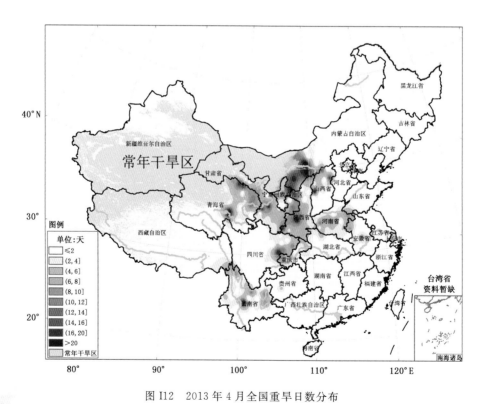

图 I12　2013 年 4 月全国重旱日数分布

Fig. I12　The days under severe drought stress in China in April 2013（unit：d）

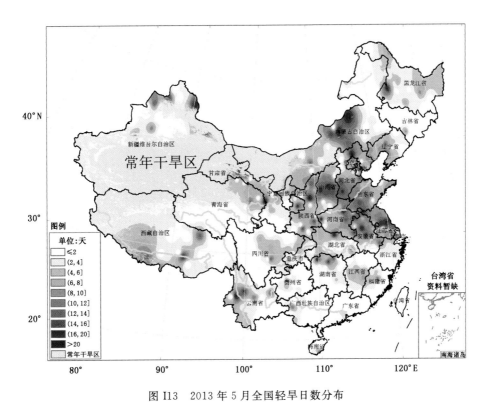

图 I13　2013 年 5 月全国轻旱日数分布

Fig. I13　The days under light drought stress in China in May 2013（unit：d）

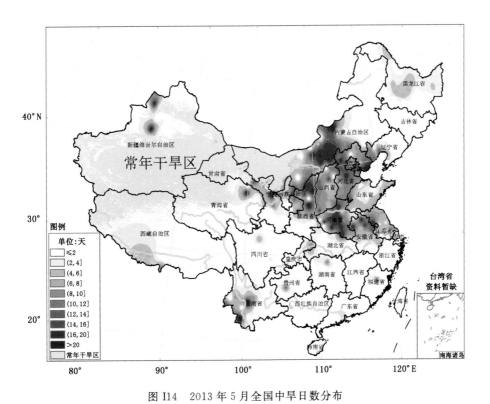

图 I14　2013 年 5 月全国中旱日数分布

Fig. I14　The days under moderate drought stress in China in May 2013（unit：d）

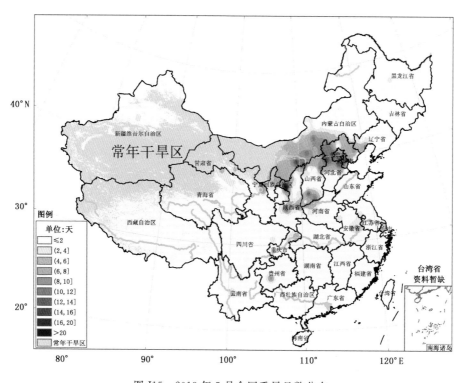

图 I15　2013 年 5 月全国重旱日数分布

Fig. I15　The days under severe drought stress in China in May 2013（unit：d）

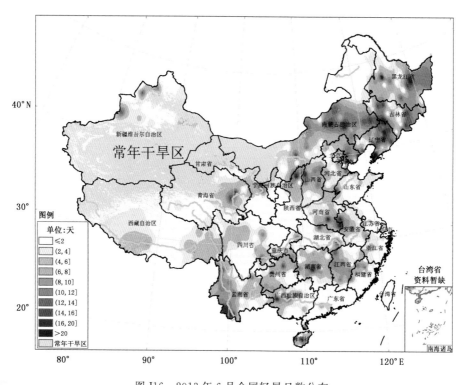

图 I16　2013 年 6 月全国轻旱日数分布

Fig. I16　The days under light drought stress in China in June 2013（unit：d）

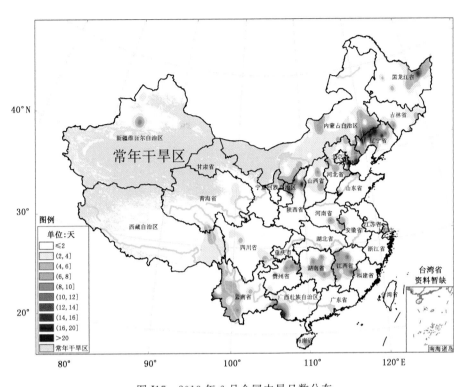

图 I17　2013 年 6 月全国中旱日数分布

Fig. I17　The days under moderate drought stress in China in June 2013（unit：d）

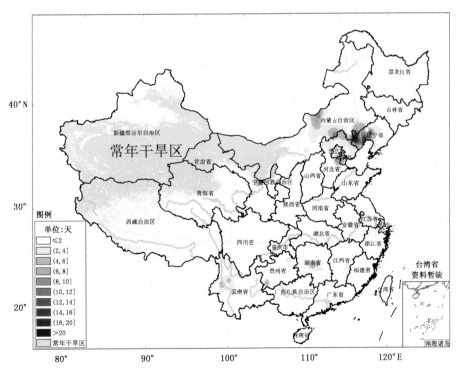

图 I18　2013 年 6 月全国重旱日数分布

Fig. I18　The days under severe drought stress in China in June 2013（unit：d）

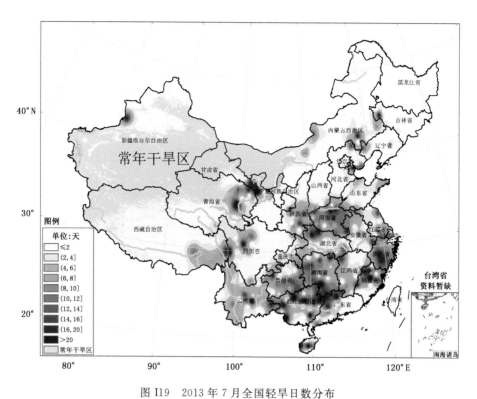

图 I19　2013 年 7 月全国轻旱日数分布

Fig. I19　The days under light drought stress in China in July 2013（unit：d）

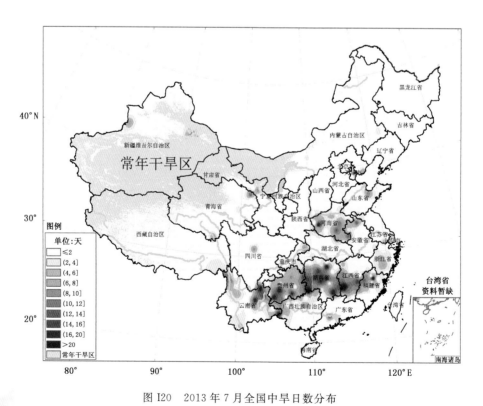

图 I20　2013 年 7 月全国中旱日数分布

Fig. I20　The days under moderate drought stress in China in July 2013（unit：d）

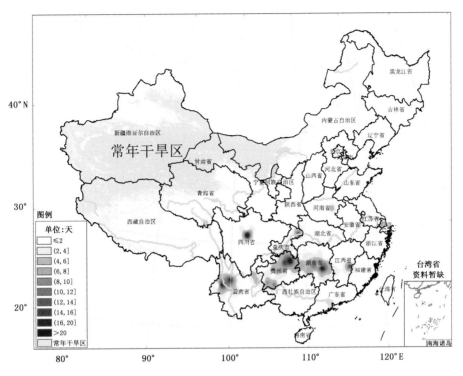

图 I21　2013 年 7 月全国重旱日数分布

Fig. I21　The days under severe drought stress in China in July 2013（unit：d）

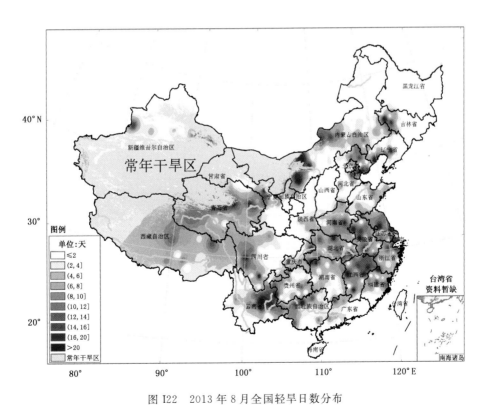

图 I22　2013 年 8 月全国轻旱日数分布

Fig. I22　The days under light drought stress in China in August 2013（unit：d）

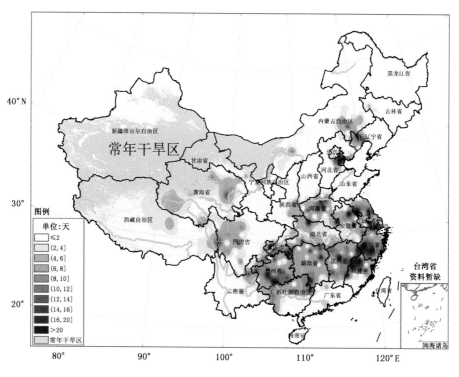

图 I.23　2013 年 8 月全国中旱日数分布

Fig. I23　The days under moderate drought stress in China in August 2013（unit：d）

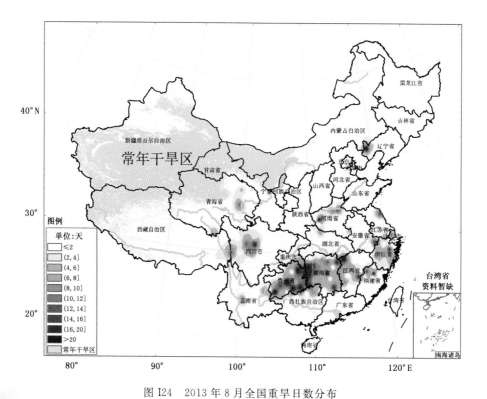

图 I24　2013 年 8 月全国重旱日数分布

Fig. I24　The days under severe drought stress in China in August 2013（unit：d）

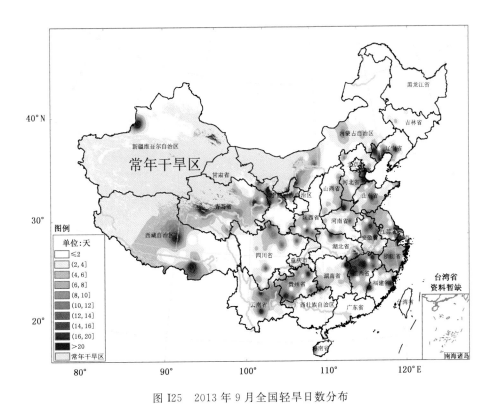

图 I25　2013 年 9 月全国轻旱日数分布

Fig. I25　The days under light drought stress in China in September 2013（unit：d）

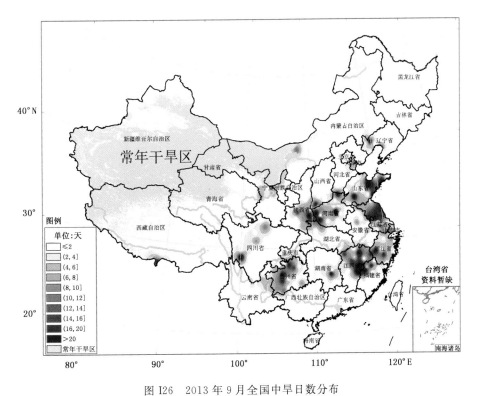

图 I26　2013 年 9 月全国中旱日数分布

Fig. I26　The days under moderate drought stress in China in September 2013（unit：d）

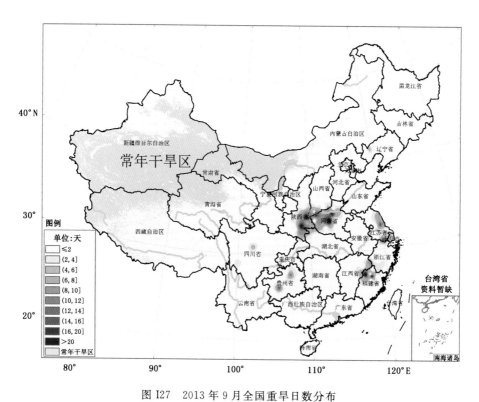

图 I27 2013 年 9 月全国重旱日数分布

Fig. I27 The days under severe drought stress in China in September 2013（unit：d）

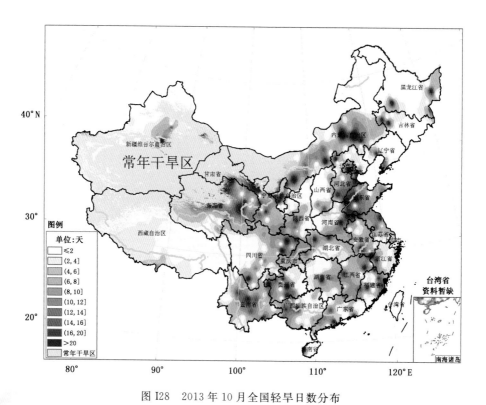

图 I28 2013 年 10 月全国轻旱日数分布

Fig. I28 The days under light drought stress in China in October 2013（unit：d）

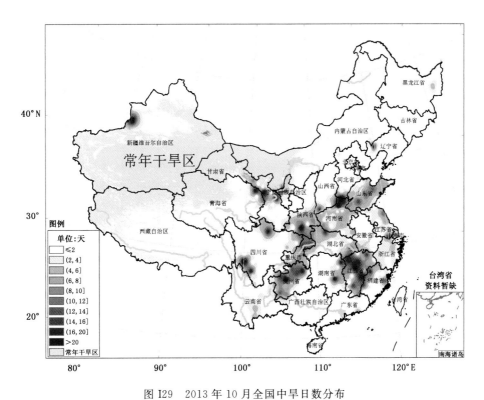

图 I29　2013 年 10 月全国中旱日数分布

Fig. I29　The days under moderate drought stress in China in October 2013（unit：d）

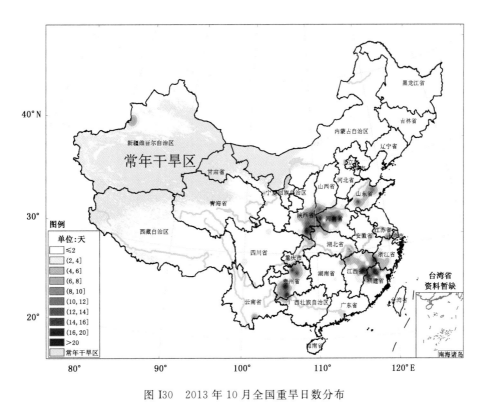

图 I30　2013 年 10 月全国重旱日数分布

Fig. I30　The days under severe drought stress in China in October 2013（unit：d）

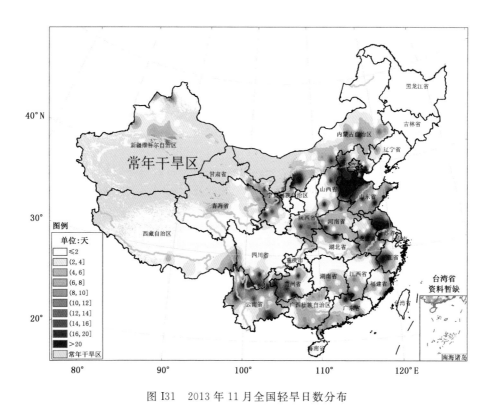

图 I31　2013 年 11 月全国轻旱日数分布

Fig. I31　The days under light drought stress in China in November 2013（unit：d）

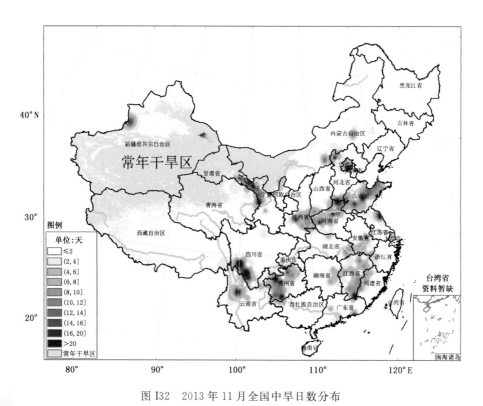

图 I32　2013 年 11 月全国中旱日数分布

Fig. I32　The days under moderate drought stress in China in November 2013（unit：d）

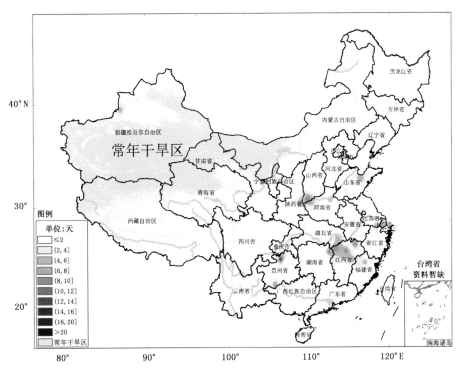

图 I33　2013 年 11 月全国重旱日数分布

Fig. I33　The days under severe drought stress in China in November 2013（unit：d）

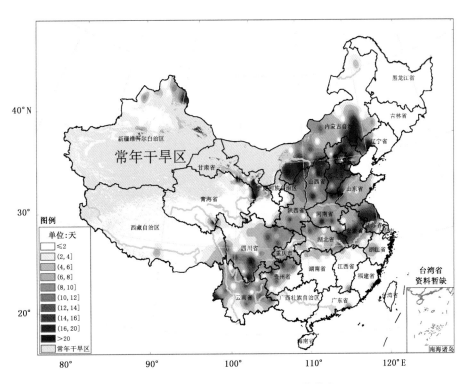

图 I34　2013 年 12 月全国轻旱日数分布

Fig. I34　The days under light drought stress in China in December 2013（unit：d）

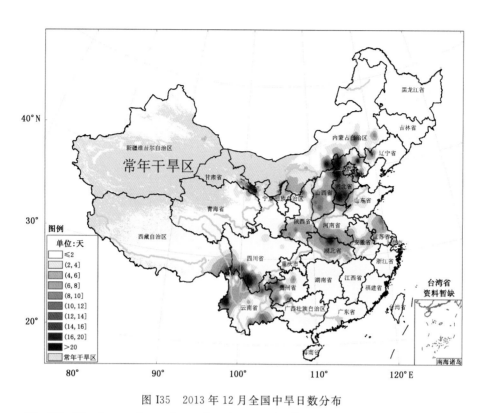

图 I35　2013 年 12 月全国中旱日数分布

Fig. I35　The days under moderate drought stress in China in December 2013（unit：d）

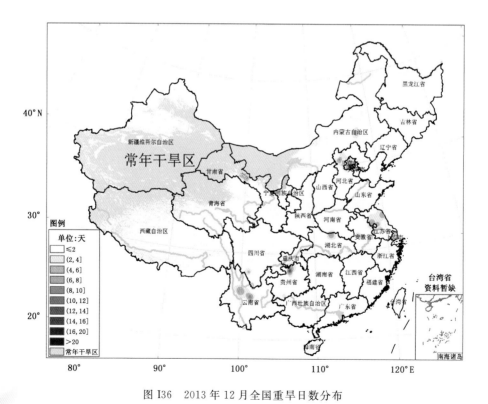

图 I36　2013 年 12 月全国重旱日数分布

Fig. I36　The days under severe drought stress in China in December 2013（unit：d）

附录 J 2013 年各月气象干旱各等级日数距平分布

图 J1 2013 年 1 月全国轻旱日数距平分布

Fig. J1 The anomaly of light drought days in China in January 2013（unit：d）

图 J2 2013 年 1 月全国中旱日数距平分布

Fig. J2 The anomaly of moderate drought days in China in January 2013（unit：d）

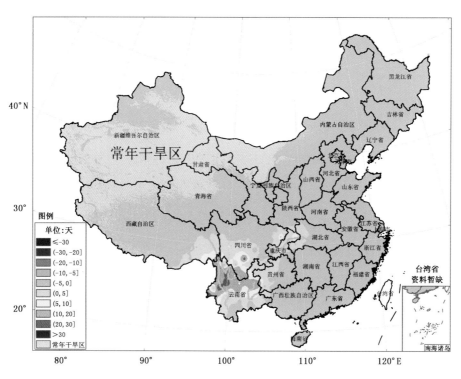

图 J3　2013 年 1 月全国重旱日数距平分布

Fig. J3　The anomaly of severe drought days in China in January 2013（unit：d）

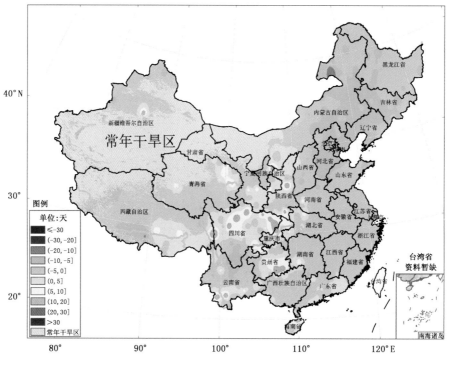

图 J4　2013 年 2 月全国轻旱日数距平分布

Fig. J4　The anomaly of light drought days in China in February 2013（unit：d）

图 J5　2013 年 2 月全国中旱日数距平分布

Fig. J5　The anomaly of moderate drought days in China in February 2013（unit：d）

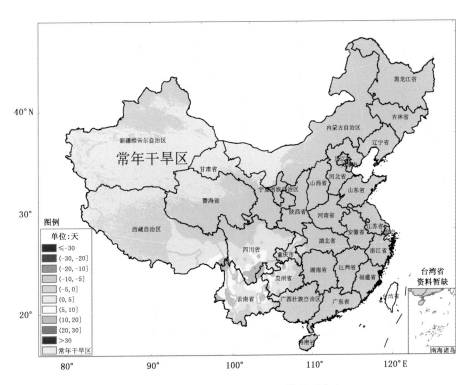

图 J6　2013 年 2 月全国重旱日数距平分布

Fig. J6　The anomaly of severe drought days in China in February 2013（unit：d）

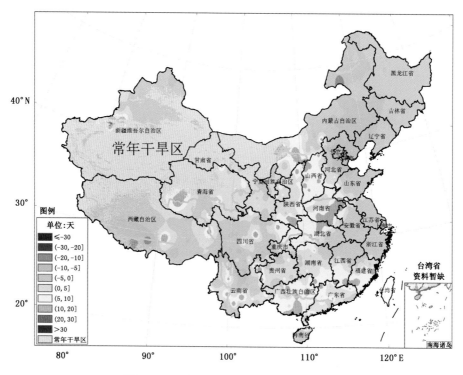

图 J7　2013 年 3 月全国轻旱日数距平分布

Fig. J7　The anomaly of light drought days in China in March 2013（unit：d）

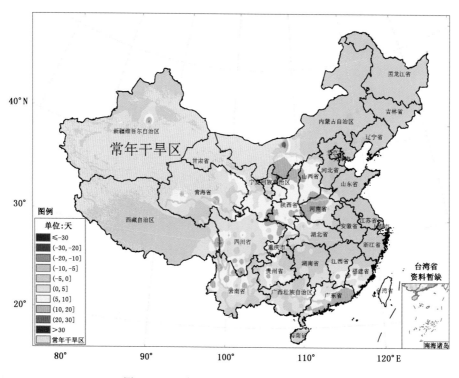

图 J8　2013 年全国 3 月中旱日数距平分布

Fig. J8　The anomaly of moderate drought days in China in March 2013（unit：d）

图 J9　2013 年 3 月全国重旱日数距平分布

Fig. J9　The anomaly of severe drought days in China in March 2013（unit：d）

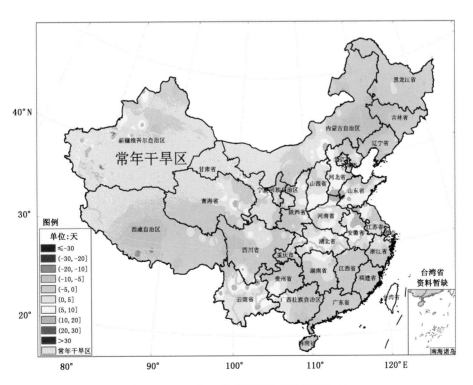

图 J10　2013 年 4 月全国轻旱日数距平分布

Fig. J10　The anomaly of light drought days in China in April 2013（unit：d）

图 J11　2013 年 4 月全国中旱日数距平分布

Fig. J11　The anomaly of moderate drought days in China in April 2013（unit：d）

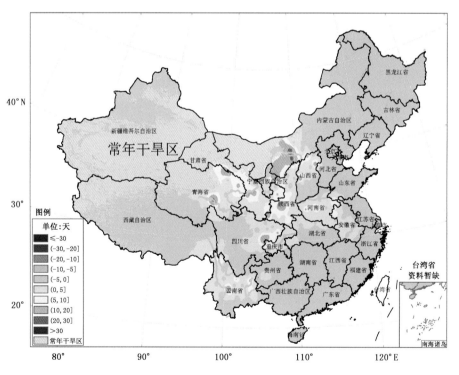

图 J12　2013 年 4 月全国重旱日数距平分布

Fig. J12　The anomaly of severe drought days in China in April 2013（unit：d）

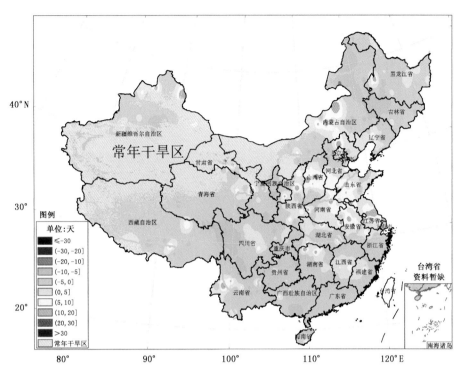

图 J13　2013 年 5 月全国轻旱日数距平分布

Fig. J13　The anomaly of light drought days in China in May 2013（unit：d）

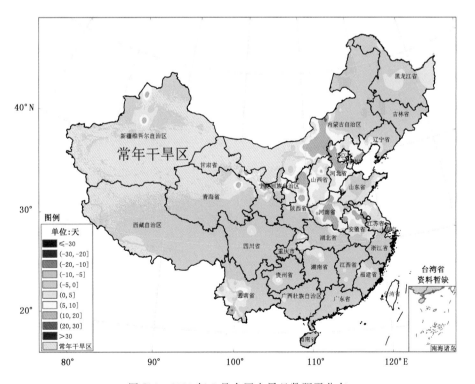

图 J14　2013 年 5 月全国中旱日数距平分布

Fig. J14　The anomaly of moderate drought days in China in May 2013（unit：d）

图 J15 2013 年 5 月全国重旱日数距平分布

Fig. J15 The anomaly of severe drought days in China in May 2013（unit：d）

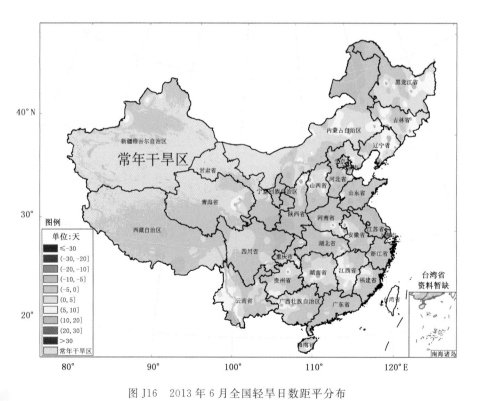

图 J16 2013 年 6 月全国轻旱日数距平分布

Fig. J16 The anomaly of light drought days in China in June 2013（unit：d）

图 J17　2013 年 6 月全国中旱日数距平分布

Fig. J17　The anomaly of moderate drought days in China in June 2013（unit：d）

图 J18　2013 年 6 月全国重旱日数距平分布

Fig. J18　The anomaly of severe drought days in China in June 2013（unit：d）

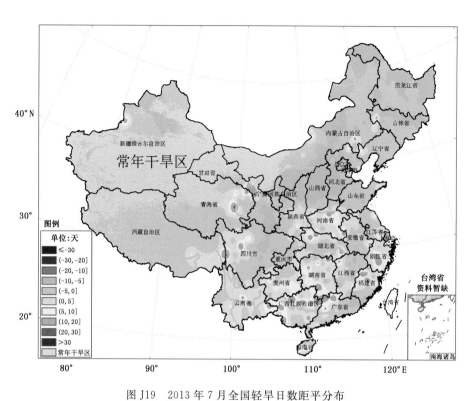

图 J19　2013 年 7 月全国轻旱日数距平分布

Fig. J19　The anomaly of light drought days in China in July 2013（unit：d）

图 J20　2013 年 7 月全国中旱日数距平分布

Fig. J20　The anomaly of moderate drought days in China in July 2013（unit：d）

图 J21　2013 年 7 月全国重旱日数距平分布

Fig. J21　The anomaly of severe drought days in China in July 2013 （unit：d）

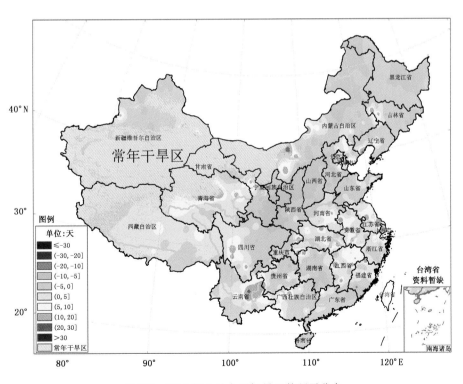

图 J22　2013 年 8 月全国轻旱日数距平分布

Fig. J22　The anomaly of light drought days in China in August 2013 （unit：d）

图 J23 2013 年 8 月全国中旱日数距平分布

Fig. J23 The anomaly of moderate drought days in China in August 2013（unit：d）

图 J24 2013 年 8 月全国重旱日数距平分布

Fig. J24 The anomaly of severe drought days in China in August 2013（unit：d）

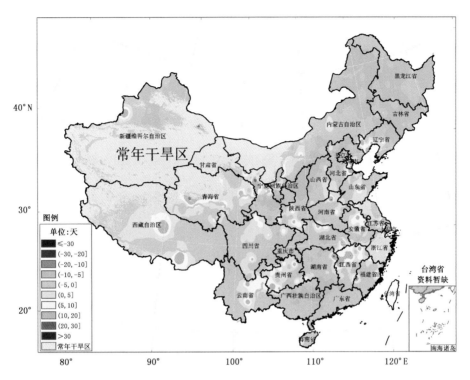

图 J25　2013 年 9 月全国轻旱日数距平分布

Fig. J25　The anomaly of light drought days in China in September 2013（unit：d）

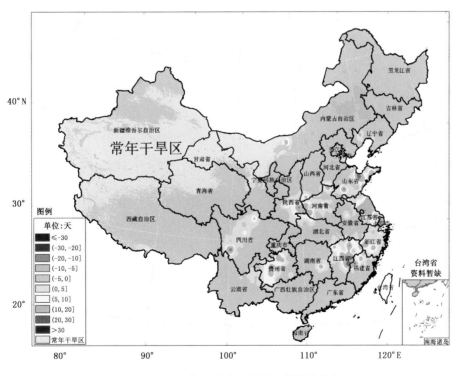

图 J26　2013 年 9 月全国中旱日数距平分布

Fig. J26　The anomaly of moderate drought days in China in September 2013（unit：d）

图 J27　2013 年 9 月全国重旱日数距平分布

Fig. J27　The anomaly of severe drought days in China in September 2013（unit：d）

图 J28　2013 年 10 月全国轻旱日数距平分布

Fig. J28　The anomaly of light drought days in China in October 2013（unit：d）

图 J29　2013 年 10 月全国中旱日数距平分布

Fig. J29　The anomaly of moderate drought days in China in October 2013（unit：d）

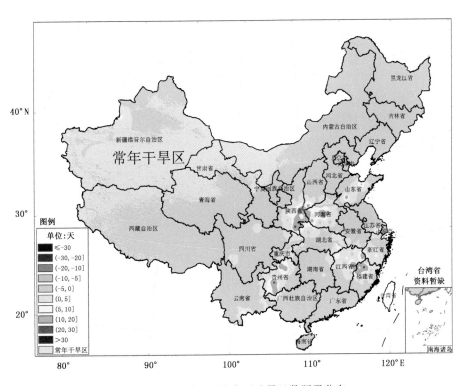

图 J30　2013 年 10 月全国重旱日数距平分布

Fig. J30　The anomaly of severe drought days in China in October 2013（unit：d）

图 J31 2013 年 11 月全国轻旱日数距平分布

Fig. J31 The anomaly of light drought days in China in November 2013（unit：d）

图 J32 2013 年 11 月全国中旱日数距平分布

Fig. J32 The anomaly of moderate drought days in China in November 2013（unit：d）

图 J33　2013 年 11 月全国重旱日数距平分布

Fig. J33　The anomaly of severe drought days in China in November 2013（unit：d）

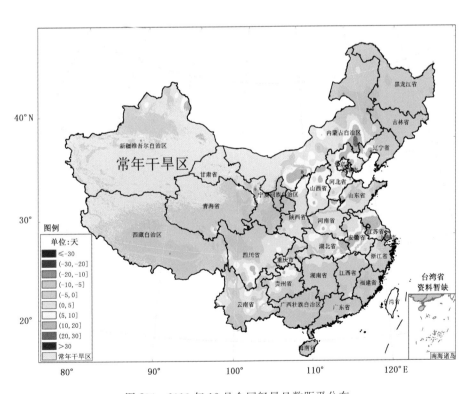

图 J34　2013 年 12 月全国轻旱日数距平分布

Fig. J34　The anomaly of light drought days in China in December 2013（unit：d）

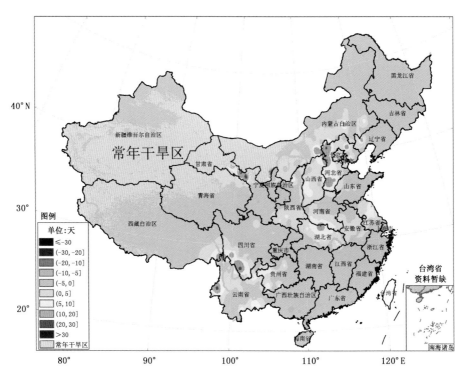

图 J35　2013 年 12 月全国中旱日数距平分布

Fig. J35　The anomaly of moderate drought days in China in December 2013（unit：d）

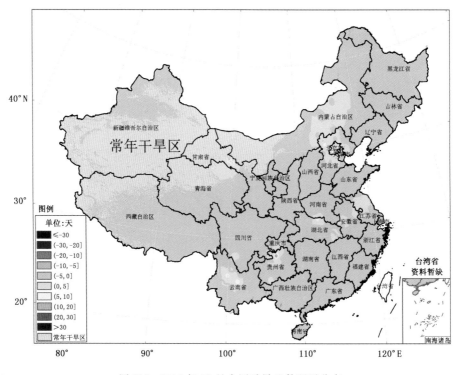

图 J36　2013 年 12 月全国重旱日数距平分布

Fig. J36　The anomaly of severe drought days in China in December 2013（unit：d）

附录 K   2013 年全国主要城市降水量及其距平百分率

表 K1   2013 年全国主要城市降水量(单位:毫米)与降水量距平百分率(单位:%)

Table K1   The precipitation (unit:mm) and percentage of precipitation anomaly (unit:%) of the major cities in China in 2013

城市	冬季		春季		夏季		秋季		年	
	降水量	降水量距平百分率	降水量	降水量距平百分率	降水量	降水量距平百分率	降水量	降水量距平百分率	降水量	降水量距平百分率
北京	14.0	51.4	39.8	−44.6	445.2	20.3	87.3	8.0	578.7	8.8
天津	21.4	139.9	17.5	−74.1	264.5	−25.2	117.5	44.0	411.5	−19.5
石家庄	21.7	44.1	48.4	−34.3	326.5	−2.3	120.3	28.9	508.3	−1.5
太原	8.9	−16.3	46.8	−33.7	313.5	26.0	123.2	32.2	487.3	15.1
呼和浩特	12.1	24.6	13.3	−77.0	432.6	70.1	113.5	52.5	564.6	42.4
沈阳	50.2	97.8	92.8	−19.0	444.3	2.4	219.7	76.8	788.1	12.8
大连	58.7	154.4	108.4	17.3	617.6	75.4	63.5	−43.4	818.4	41.2
长春	52.0	269.4	108.8	23.9	465.8	17.5	115.1	46.6	736.5	27.6
哈尔滨	32.3	109.3	93.1	29.3	410.1	14.1	108.0	19.3	633.5	17.8
济南	63.2	183.8	84.2	−22.5	549.5	21.9	67.2	−39.8	736.0	6.1
青岛	56.1	49.2	166.1	48.2	229.2	−38.9	161.7	15.9	582.6	−12.3
上海	189.5	20.0	248.3	−7.7	397.1	−24.0	373.2	71.8	1173.4	0.5
南京	154.1	21.3	175.8	−29.6	517.7	−1.3	106.6	−43.4	898.4	−17.6
杭州	263.4	22.0	324.0	−17.4	555.8	0.3	413.0	51.0	1520.9	5.8
合肥	132.2	4.7	201.0	−18.9	458.1	3.2	144.8	−20.4	893.2	−10.7
福州	110.9	−34.1	470.1	−3.4	408.9	−16.9	120.3	−50.6	1137.5	−18.3
南昌	302.2	35.2	631.6	1.9	480.5	−14.7	127.0	−37.3	1431.8	−11.3
郑州	22.3	−29.9	147.2	21.1	124.2	−64.7	68.6	−49.6	353.2	−44.9
武汉	118.0	−19.1	389.7	−0.8	708.8	26.1	268.0	24.8	1434.2	9.0
长沙	221.6	−1.0	687.5	27.6	370.6	−21.9	232.3	−0.1	1440.6	−2.2
广州	57.6	−59.9	757.6	34.1	942.6	19.2	278.2	−7.7	2095.4	16.3
海口	49.3	−47.5	438.9	36.5	625.5	−10.1	861.7	47.1	2067.0	21.8
南宁	88.5	−17.6	369.3	13.1	734.5	15.7	357.3	62.0	1569.3	21.7
桂林	153.1	−26.9	860.7	25.9	559.3	−27.4	241.2	8.9	1806.9	−4.3
温江*	8.8	−67.2	148.8	3.8	935.9	79.5	245.1	39.4	1343.3	54.8
重庆	49.6	−25.7	244.8	−14.4	385.3	−25.2	342.3	43.0	1026.9	−7.3
贵阳	46.7	−25.8	305.7	12.0	341.8	−34.4	180.7	−16.0	888.3	−17.2
昆明	10.4	−76.3	130.7	1.2	388.3	−32.5	247.3	7.1	804.7	−17.8
拉萨	0	−100.0	49.5	25.5	414.5	29.8	101.2	30.8	565.2	28.7
武功*	19.4	−8.7	216.0	77.5	152.1	−44.1	102.3	−39.6	488.3	−16.5
兰州	7.2	37.1	59.1	−3.4	186.9	14.1	49.1	−22.7	301.5	2.6
银川	0.5	−88.9	43.4	11.6	68.2	−34.1	36.7	1.7	148.8	−18.7
西宁	2.0	−63.3	87.1	6.5	250.5	10.9	72.1	−15.6	413.6	3.7
乌鲁木齐	47.4	21.0	109.5	16.6	83.8	−13.5	73.8	8.8	300.9	0.8

注:由于站点原因,成都资料用温江资料代替,西安资料用武功资料代替。下同。

表 K2　2013 年全国主要城市各月降水量(单位:毫米)

Table K2　The monthly precipitation of China's major cities in 2013 (unit:mm)

城市	1月	2月	3月	4月	5月	6月	7月	8月	9月	10月	11月	12月
北京	3.0	3.4	10.7	5.5	23.6	91.0	235.6	118.6	70.7	16.4	0.2	0
天津	4.4	5.6	11.5	2.2	3.8	99.1	103.1	62.3	88.7	25.6	3.2	2
石家庄	8.4	4.7	2.4	27.7	18.3	97.9	168.7	59.9	108.9	7.9	3.5	0
太原	2.3	1.5	0	33.7	13.1	90.3	167.6	55.6	102.5	14.2	6.5	0
呼和浩特	5.2	0	3.6	1.9	7.8	96.0	192.6	144.0	97.3	9.0	7.2	0
沈阳	4.1	24.8	18.5	55.1	19.2	51.7	216.3	176.3	106.4	96.3	17.0	2.4
大连	6.8	17.0	16.6	30.7	61.1	20.1	517.1	80.4	7.6	6.5	49.4	5.1
长春	8.5	31.2	14.7	57.5	36.6	191.0	153.1	121.7	32.7	51.5	30.9	7.1
哈尔滨	2.1	16.5	8.8	10.8	73.5	86.4	198.0	125.7	31.5	58.2	18.3	3.7
济南	15.4	18.5	4.4	11.3	68.5	64.9	384.3	100.3	12.8	20.5	33.9	1.2
青岛	13.9	10.7	9.5	9.0	147.6	17.8	168.1	43.3	97.6	0.4	63.7	1.0
上海	22.8	81.5	58.1	72.5	117.7	183.5	102.1	111.5	61.1	291.7	20.4	50.5
南京	17.8	69.9	42.9	22.8	110.1	172.6	229.6	115.5	67.0	22.4	17.2	10.6
杭州	41.0	94.0	109.0	97.3	117.7	337.2	8.8	209.8	49.4	331	32.6	93.1
合肥	18.5	66.6	38.1	25.3	137.6	86.6	305.5	66	118.6	9.1	17.1	4.2
福州	3.7	44.3	103.7	122.0	244.4	196.5	72.9	139.5	53.3	3.0	64.0	90.2
南昌	26.9	110.1	238.5	203.0	190.1	366.9	83.1	30.5	26.7	11.1	89.2	55.7
郑州	5.2	8.0	6.5	28.2	112.5	15.2	45.1	63.9	9.8	26.3	32.5	0
武汉	22.4	43.9	90.1	145.7	153.9	256.6	316.2	136	207.8	5.6	54.6	1.4
长沙	27.9	90.1	132.2	239.3	316.0	271.8	8.9	89.9	110.6	4.2	117.5	32.2
广州	3.8	8.0	174.2	282.8	300.6	228.2	318.9	395.5	231.0	5.0	42.2	105.2
海口	6.4	18.7	50.6	140.0	248.3	121.2	273.0	231.2	448.6	263.8	149.3	115.8
南宁	17.0	26.4	82.2	148.5	138.6	198.0	265.2	271.2	128.5	17.6	211.2	64.8
桂林	26.2	58.0	147.3	413.7	299.7	312.6	52.3	194.4	99.3	12.7	129.2	61.5
温江	1.2	4.7	7.6	42.2	99.0	182.1	525.5	228.3	196.2	27.1	21.8	7.6
重庆	9.3	29.0	3.4	114.8	126.6	241.6	81.1	62.6	194.5	91.0	56.8	16.2
贵阳	11.4	17.3	37.9	43.6	224.2	191.7	26.4	123.7	81.6	53.2	45.9	31.4
昆明	9.6	0.8	7.5	9.9	113.3	78.5	155.9	153.9	70.7	168.6	8.0	28.0
拉萨	0	0	1.5	17.2	30.8	129.8	164.4	120.3	62.1	38.4	0.7	0
武功	0.2	17.7	3.5	13.6	198.9	15.4	94.0	42.7	59.4	25.3	17.6	0
兰州	1.7	4.1	0	7.1	52.0	59.4	90.2	37.3	41.1	4.9	3.1	0.6
银川	0.5	0	0	5.8	37.6	22.5	33.5	12.2	32.7	4.0	0	0
西宁	0	1.3	0.9	18.6	67.6	68.1	74.5	107.9	54.9	10.5	6.7	2.6
乌鲁木齐	7.1	11.7	13.2	69.2	27.1	31.3	23.3	29.2	12.7	16.6	44.5	15.0

表 K3　2013 年全国主要城市各月降水量距平百分率(单位:%)

Table K3　The monthly percentage of precipitation anomaly of China's major cities in 2013 (unit:%)

城市	1月	2月	3月	4月	5月	6月	7月	8月	9月	10月	11月	12月
北京	12.6	−23.2	7.9	−77.7	−36.7	26.5	47.1	−14.2	45.7	−28.2	−97.9	−100.0
天津	81.1	55.1	42.3	−90.1	−89.8	22.9	−30.7	−49.8	98.7	−2.8	−70	−28.7
石家庄	105.7	−28.4	−80.5	38.1	−55.7	66.5	31.1	−59.1	104.4	−68.9	−76.1	−100.0
太原	−24.0	−70.0	−100.0	70.3	−65.6	65.7	78.9	−44.8	79.6	−42.7	−42.6	−100.0
呼和浩特	141.1	−100.0	−65.9	−87.4	−75.8	94.2	86.3	41.8	95.3	−55.8	70.2	−100.0
沈阳	−41.0	190.5	−12.0	38.6	−64.3	−44.8	23.9	6.3	64.1	145.8	−16.2	−76.1
大连	−14.3	153.5	22.8	4.8	23.1	−73.7	297.6	−44.8	−87.3	−81.1	172.6	−38.4
长春	113.9	600.1	8.2	141.2	−27.3	101.6	−9.2	−8.5	−23.4	127.7	134.2	18.3
哈尔滨	−52.0	251.3	−27.7	−46.2	84.9	−4.4	35.0	2.7	−42.9	153.2	47.5	−46.0
济南	164.3	96.0	−69.6	−61.5	5.7	−23.8	105.3	−43.8	−79.5	−37.5	106.8	−82.8
青岛	29.1	−25.0	−56.2	−70.5	146.5	−76.6	14.4	−71.5	38.2	−99.0	126.5	−92
上海	−62.8	36.4	−36.9	−11.3	23.6	6.2	−36.9	−40.7	−41.2	393.8	−62.5	32.2
南京	−60.8	31.9	−46.1	−71.6	22.4	3.9	7.1	−19.7	−8.1	−62.5	−69.2	−64.0
杭州	−49.2	6.6	−22.5	−21.0	−8.5	53.7	−94.9	29.5	−60.0	321.6	−54.4	90.5
合肥	−56.8	24.8	−49.5	−68.9	51.0	−40.5	77.2	−47.5	81.4	−84.3	−70.8	−86.3
福州	−92.6	−48.2	−27.4	−21.3	29.4	−1.7	−41.4	−16.8	−65.6	−93.7	56.1	165.1
南昌	−66.0	5.1	34.8	−7.9	−14.7	22.7	−40.4	−75.5	−62.1	−80.1	16.7	26.4
郑州	−45.9	−37.6	−76.1	−7.9	76.6	−77.2	−69.5	−53.4	−87.1	−31.3	49.4	−100.0
武汉	−54.3	−35.1	0.6	6.8	−7.8	16.7	40.7	15.8	179.6	−93.1	−7.7	−95.3
长沙	−64.5	−9.6	−11.5	19.1	67.8	20.7	−93.3	−22.3	48.6	−94.4	41.6	−34.2
广州	−91.4	−88.7	86.6	53.2	4.8	−28.4	33.9	69.2	18.9	−92.7	9.9	258.8
海口	−68.4	−51.7	0.4	53.8	37.9	−45.4	27.5	−10.9	74.8	2.6	107.2	235.6
南宁	−57.0	−41.6	33.0	67.7	−21.4	−8.3	10.9	51.0	2.9	−65.7	374.7	181.7
桂林	−60.9	−40.8	6.3	89.5	−8.3	−21.2	−77.2	34.1	20.4	−81.0	79.2	30.9
温江	−86.3	−61.9	−68.0	−5.1	31.7	65.0	153.8	11.9	58.7	−28.2	50.8	27.3
重庆	−52.7	24.0	−92.1	19.0	−13.7	24.6	−56.4	−53.7	84.2	6.2	17.9	−33.4
贵阳	−45.5	−24.2	8.6	−47.8	45.1	−4.4	−85.9	−6.9	−2.7	−40.0	7.5	59.1
昆明	−39.6	−94.5	−58.1	−60.5	31.5	−54.6	−23.8	−22.1	−37.3	105.5	−77.7	101.7
拉萨	−100.0	−100.0	−51.6	134.4	6.2	81.4	33.4	−3.4	−10.6	432.3	−4.1	−100.0
武功	−96.6	66.6	−87.6	−61.7	242.5	−77.6	14.4	−64.8	−38.4	−54.3	0	−100.0
兰州	2.6	48.4	−100.0	−53.8	36.8	30.9	68.1	−42.4	1.6	−77.3	105.8	−31.8
银川	−60.3	−100.0	−100.0	−35	56.8	−5.9	−8.1	−71.7	33.8	−57.1	−100.0	−100.0
西宁	−100.0	−37.4	−89.7	−11.8	30.1	6.4	−8.1	33.3	−9.9	−49.9	88.4	64.9
乌鲁木齐	−35.9	−4.1	−30.9	97.2	−31.8	−4.9	−37.1	8.7	−46.2	−32.3	125.9	−10.0

附录 L 2013 年全国主要城市干旱等级日数及其距平

表 L1 2013 年全国主要城市中旱日数与日数距平(单位:天)

Table L1 The moderate drought days and its anomalies of China's major cities in 2013 (unit:d)

城市	冬季		春季		夏季		秋季		年	
	中旱日数	中旱日数距平	中旱日数	中旱日数距平	中旱日数	中旱日数距平	中旱日数	中旱日数距平	中旱日数	中旱日数距平
北京	0	−14.4	11	−2.6	0	−10.9	27	13.0	41	−11.9
天津	0	−10.8	11	−3.6	21	11.7	8	−4.4	44	−3.3
石家庄	0	−10.6	6	−7.2	0	−12.1	0	−13.3	19	−30.5
太原	0	−11.2	22	10.3	2	−9.9	0	−14.2	32	−17.2
呼和浩特	0	−6.3	39	24.1	1	−9.3	0	−11.6	40	−3.0
沈阳	0	−7.7	0	−10.3	18	7.5	0	−6.5	18	−17.0
大连	0	−8.3	0	−12.5	1	−11.7	13	−1.0	14	−33.3
长春	0	−1.9	0	−8.9	0	−7.7	0	−12	0	−30.5
哈尔滨	0	−2.7	0	−10.8	0	−9.1	0	−7.3	0	−29.8
济南	0	−12.1	3	−7.3	0	−9.4	0	−10.6	3	−40.2
青岛	0	−5.2	25	15.0	5	−6.2	28	12.6	58	16.0
上海	0	−2.0	0	−4.6	0	−8.6	—	—	—	—
南京	0	−3.9	26	19.7	0	−9.4	0	−9.5	38	9.0
杭州	0	−2.0	7	2.9	0	−6.8	2	−5.0	11	−10.8
合肥	0	−4.0	20	12.7	0	−10.4	0	−10.2	27	−4.6
福州	0	−7.7	2	−0.7	7	−2.5	18	9.2	27	−1.7
南昌	0	−3.9	0	−3.0	15	3.4	23	12.5	38	9.0
郑州	0	−9.2	51	39.8	24	13.5	20	9.3	95	53.3
武汉	0	−2.9	5	−0.5	0	−6.5	0	−6.9	10	−11.8
长沙	0	−2.4	0	−2.3	16	9.6	9	0.8	25	5.5
广州	0	−10.5	9	4.7	0	−6.5	0	−11.0	9	−22.7
海口	0	−13.3	7	−4.5	0	−7.2	0	−9.7	7	−34.7
南宁	0	−12.0	0	−13.6	0	−7.8	0	−10.0	0	−43.5
桂林	0	−3.2	0	−4.0	11	6.1	0	−13.0	11	−14
温江	22	9.4	14	4.4	0	−10.7	0	−10.5	36	−7.4
重庆	6	0.3	25	18.8	22	15.3	0	−9.2	53	25.2
贵阳	0	−8.6	4	−5.2	10	3.4	3	−6.2	17	−16.6
昆明	34	23.5	46	37.0	25	17.0	3	−2.9	93	59.9
拉萨	62	58.5	3	−7.9	0	−9.0	0	−12.7	36	−0.1
武功	35	22.2	23	11.1	1	−11.6	37	25.3	91	42.1
兰州	0	−15.1	28	17.2	0	−10.8	29	12.1	57	3.5
银川	0	−1.2	—	—	—	—	0	−2.5	—	—
西宁	0	−7.3	18	7.8	0	−6.6	0	−6.8	18	−12.9
乌鲁木齐	0	−1.1	0	−3.6	0	−8.9	0	−7.7	0	−21.3

表 L2　2013 年全国主要城市重旱日数与日数距平(单位:天)

Table L2　The severe drought days and its anomalies of China's major cities in 2013 （unit:d）

城市	冬季		春季		夏季		秋季		年	
	重旱日数	重旱日数距平	重旱日数	重旱日数距平	重旱日数	重旱日数距平	重旱日数	重旱日数距平	重旱日数	重旱日数距平
北京	0	−2.1	12	5.2	0	−5.7	0	−5.2	30	10.3
天津	0	−2.2	14	7.1	7	1.4	1	−2.8	22	3.4
石家庄	0	−5.2	0	−5.3	0	−1.9	0	−3.2	1	−14.6
太原	0	−6.9	14	8.3	0	−4.8	0	−3.2	14	−6.6
呼和浩特	0	−1.7	12	5.7	4	−1.8	0	−2.8	16	−0.6
沈阳	0	−0.8	0	−4.7	4	−0.9	0	−1.7	4	−8.0
大连	0	−3.9	0	−5.6	0	−4.1	0	−3.1	0	−16.8
长春	0	−0.4	0	−3.7	0	−4.3	0	−4.3	0	−12.6
哈尔滨	0	−0.2	0	−5.5	0	−4.2	0	−1.7	0	−11.6
济南	0	−5.2	0	−5.6	0	−3.3	0	−4.8	0	−19.1
青岛	0	−5.1	0	−4.9	0	−6.0	0	−3.2	0	−19.8
上海	0	−0.9	0	−0.7	0	−3.8	—	—	—	—
南京	0	−0.7	3	0.7	0	−2.3	0	−3.6	3	−5.7
杭州	0	−0.8	0	−1.2	0	−2.4	0	−4.1	0	−8.5
合肥	0	−2.2	10	7.7	0	−2.9	0	−4.8	10	−2.0
福州	0	−2.6	0	−1.1	0	−5.5	0	−5.1	0	−14.4
南昌	0	−0.6	0	−0.5	0	−0.9	17	14.7	17	12.7
郑州	0	−1.6	0	−6.0	9	6.3	29	25.9	38	23.8
武汉	0	−1.1	0	−2.2	0	−2.4	0	−1.4	0	−7.1
长沙	0	−0.9	0	−1.2	0	−5.7	0	−4.4	0	−12.4
广州	0	−7.0	0	−1.0	0	−2.0	0	−2.3	0	−11.8
海口	0	−2.1	1	−1.9	0	−2.4	0	−2.9	1	−9.3
南宁	0	−3.5	0	−3.6	0	−2.9	0	−6.3	0	−16.3
桂林	0	−3.5	0	−1.7	9	7.9	0	−4.2	9	−1.5
温江	0	−2.0	15	11.5	0	−4.3	0	−2.7	15	2.5
重庆	0	−1.5	17	14.5	0	−2.1	0	−2.5	17	8.4
贵阳	0	−2.2	0	−5.0	23	20.1	0	−4.3	23	8.7
昆明	32	25.7	11	6.5	0	−4.5	0	−1.5	27	10.3
拉萨	1	0.9	0	−2.7	0	−5.2	0	−1.9	0	−10.0
武功	0	−1.9	39	33.6	0	−5.2	11	7.2	50	33.8
兰州	0	−7.4	19	13.7	0	−5.4	0	−5.0	19	−3.1
银川	0	0	—	—	—	—	0	−0.6	—	—
西宁	0	−3.9	12	8.6	0	−2.5	0	−5.1	12	−2.5
乌鲁木齐	0	0	0	−2.9	0	−2.7	0	−2.4	0	−8.0

表 L3　2013 年全国主要城市中旱以上日数与日数距平(单位:天)

Table L3　The days from moderate drought to extreme drought and the corresponding anomalies of

China's major cities in 2013（unit:d）

城市	冬季		春季		夏季		秋季		年	
	中旱以上日数	中旱以上日数距平	中旱以上日数	中旱以上日数距平	中旱以上日数	中旱以上日数距平	中旱以上日数	中旱以上日数距平	中旱以上日数	中旱以上日数距平
北京	0	−16.5	23	1.5	0	−17.9	27	7.3	81	5.4
天津	0	−13.1	29	6.2	30	14.5	9	−7.7	72	3.7
石家庄	0	−16.7	6	−13.7	0	−14.0	0	−16.5	20	−47.3
太原	0	−19.3	36	16.0	2	−15.3	0	−18.4	46	−29.3
呼和浩特	0	−8.0	51	27.6	5	−13.1	0	−14.4	56	−7.9
沈阳	0	−8.6	0	−17.0	22	4.5	0	−8.2	22	−29.3
大连	0	−13.3	0	−19.3	1	−17.7	13	−6.3	14	−56.4
长春	0	−2.2	0	−12.9	0	−12.9	0	−16.8	0	−44.9
哈尔滨	0	−2.8	0	−16.7	0	−15.4	0	−9.3	0	−44.2
济南	0	−18.6	3	−16	0	−13.2	0	−16.4	3	−65.2
青岛	0	−10.7	25	7.9	5	−15.0	28	8.6	58	−10.2
上海	0	−4.0	0	−5.4	0	−13.5	—	—	—	—
南京	0	−5.0	29	20.1	0	−11.8	0	−13.5	41	2.0
杭州	0	−3.1	7	1.6	2	−10.0	2	−10.2	11	−21.7
合肥	0	−6.9	30	19.0	0	−14.2	0	−16.2	37	−10.8
福州	0	−11.0	2	−1.8	7	−9.7	18	3.5	27	−19.1
南昌	0	−4.9	0	−3.5	15	2.5	40	27.2	55	21.3
郑州	0	−12.2	51	32.0	33	18.7	80	65.6	164	103.2
武汉	0	−4.6	5	−4.0	0	−9.1	0	−9.0	10	−21.7
长沙	0	−3.3	0	−4.3	16	2.3	9	−3.6	25	−9.4
广州	0	−17.5	9	3.7	0	−8.9	0	−14.1	9	−35.7
海口	0	−16.3	8	−6.4	0	−12.3	0	−14.7	8	−49.8
南宁	0	−16.3	0	−17.5	0	−11.4	0	−18.3	0	−63.6
桂林	0	−7.5	0	−5.9	20	14.0	0	−17.7	20	−17.2
温江	22	7.4	35	19.5	0	−15.2	0	−13.3	57	−1.6
重庆	6	−1.3	50	40.6	22	12.2	0	−12.3	78	39.9
贵阳	0	−10.8	4	−10.7	33	22.6	3	−11.3	40	−10.2
昆明	66	48.7	57	42.9	25	11.1	3	−5.6	120	66.3
拉萨	63	59.4	3	−10.7	0	−16.0	0	−14.7	36	−12.0
武功	35	19.2	64	44.8	1	−18.8	48	31.8	143	72.1
兰州	0	−22.6	50	30.9	0	−19.7	29	6.3	79	−4.1
银川	—	—	—	—	—	—	0	−3.1	—	—
西宁	0	−12.4	37	23.1	0	−10.0	0	−13.1	37	−11.4
乌鲁木齐	0	−1.1	0	−8.8	0	−12.2	0	−11.3	0	−33.4

附录 M   2013 年全国主要城市各月干旱等级日数及其距平

表 M1   2013 年全国主要城市各月中旱日数(单位:天)

Table M1   The monthly moderate drought days of China's major cities in 2013 (unit:d)

城市	1月	2月	3月	4月	5月	6月	7月	8月	9月	10月	11月	12月
北京	0	0	0	0	11	0	0	0	0	0	27	3
天津	0	0	0	0	11	0	1	20	8	0	0	4
石家庄	0	0	0	0	6	0	0	0	0	0	0	13
太原	0	0	8	14	0	2	0	0	0	0	0	8
呼和浩特	0	0	0	20	19	1	0	0	0	0	0	0
沈阳	0	0	0	0	0	17	1	0	0	0	0	0
大连	0	0	0	0	0	0	1	0	0	4	9	0
长春	0	0	0	0	0	0	0	0	0	0	0	0
哈尔滨	0	0	0	0	0	0	0	0	0	0	0	0
济南	0	0	0	0	3	0	0	0	0	0	0	0
青岛	0	0	0	10	15	0	1	4	23	4	1	0
上海	0	0	0	0	0	0	0	0	—	0	0	0
南京	0	0	0	14	12	0	0	0	0	0	0	12
杭州	0	0	0	7	0	0	0	2	0	2	0	0
合肥	0	0	0	15	5	0	0	0	0	0	0	7
福州	0	0	2	0	0	0	0	7	1	14	3	0
南昌	0	0	0	0	0	12	0	3	3	19	1	0
郑州	0	0	21	13	17	0	7	17	0	1	19	0
武汉	0	0	0	5	0	0	0	0	0	0	0	5
长沙	0	0	0	0	0	0	0	16	0	1	8	0
广州	0	0	9	0	0	0	0	0	0	0	0	0
海口	0	0	7	0	0	0	0	0	0	0	0	0
南宁	0	0	0	0	0	0	0	0	0	0	0	0
桂林	0	0	0	0	0	0	3	8	0	0	0	0
温江	13	9	14	0	0	0	0	0	0	0	0	0
重庆	0	6	11	14	0	0	0	22	0	0	0	0
贵阳	0	0	2	2	0	0	6	4	0	3	0	0
昆明	0	19	20	25	1	6	19	0	0	3	0	0
拉萨	24	9	3	0	0	0	0	0	0	0	0	0
武功	19	3	13	6	4	0	0	1	15	5	17	8
兰州	0	0	7	8	13	0	0	0	0	8	21	0
银川	0	—	—	—	—	—	—	—	0	0	0	—
西宁	0	0	9	9	0	0	0	0	0	0	0	0
乌鲁木齐	0	0	0	0	0	0	0	0	0	0	0	20

表 M2 2013 年全国主要城市各月重旱日数(单位:天)

Table M2 The monthly severe drought days of China's major cities in 2013 (unit:d)

城市	1月	2月	3月	4月	5月	6月	7月	8月	9月	10月	11月	12月
北京	0	0	0	0	12	0	0	0	0	0	0	18
天津	0	0	0	0	14	7	0	0	1	0	0	0
石家庄	0	0	0	0	0	0	0	0	0	0	0	1
太原	0	0	10	4	0	0	0	0	0	0	0	0
呼和浩特	0	0	0	0	12	4	0	0	0	0	0	0
沈阳	0	0	0	0	0	4	0	0	0	0	0	0
大连	0	0	0	0	0	0	0	0	0	0	0	0
长春	0	0	0	0	0	0	0	0	0	0	0	0
哈尔滨	0	0	0	0	0	0	0	0	0	0	0	0
济南	0	0	0	0	0	0	0	0	0	0	0	0
青岛	0	0	0	0	0	0	0	0	0	0	0	0
上海	0	0	0	0	0	0	0	0	—	0	0	0
南京	0	0	0	3	0	0	0	0	0	0	0	0
杭州	0	0	0	0	0	0	0	0	0	0	0	0
合肥	0	0	0	6	4	0	0	0	0	0	0	0
福州	0	0	0	0	0	0	0	0	0	0	0	0
南昌	0	0	0	0	0	0	0	0	0	7	10	0
郑州	0	0	0	0	0	0	0	9	20	9	0	0
武汉	0	0	0	0	0	0	0	0	0	0	0	0
长沙	0	0	0	0	0	0	0	0	0	0	0	0
广州	0	0	0	0	0	0	0	0	0	0	0	0
海口	0	0	1	0	0	0	0	0	0	0	0	0
南宁	0	0	0	0	0	0	0	0	0	0	0	0
桂林	0	0	0	0	0	0	0	9	0	10	0	0
温江	0	0	11	4	0	0	0	0	0	0	0	0
重庆	0	0	10	7	0	0	0	0	0	0	0	0
贵阳	0	0	0	0	0	0	4	19	0	0	0	0
昆明	11	5	11	0	0	0	0	0	0	0	0	0
拉萨	0	0	0	0	0	0	0	0	0	0	0	0
武功	0	0	4	22	13	0	0	0	3	8	0	0
兰州	0	0	0	19	0	0	0	0	0	0	0	0
银川	0	—	—	—	—	—	—	—	0	0	0	—
西宁	0	0	0	12	0	0	0	0	0	0	0	0
乌鲁木齐	0	0	0	0	0	0	0	0	0	0	0	0

表 M3　2013 年全国主要城市各月中旱以上日数（单位：天）

Table M3　The monthly days from moderate drought to extreme drought of China's major cities in 2013（unit：d）

城市	1月	2月	3月	4月	5月	6月	7月	8月	9月	10月	11月	12月
北京	0	0	0	0	23	0	0	0	0	0	27	31
天津	0	0	0	0	29	9	1	20	9	0	0	4
石家庄	0	0	0	0	6	0	0	0	0	0	0	14
太原	0	0	18	18	0	2	0	0	0	0	0	8
呼和浩特	0	0	0	20	31	5	0	0	0	0	0	0
沈阳	0	0	0	0	0	21	1	0	0	0	0	0
大连	0	0	0	0	0	0	1	0	0	4	9	0
长春	0	0	0	0	0	0	0	0	0	0	0	0
哈尔滨	0	0	0	0	0	0	0	0	0	0	0	0
济南	0	0	0	0	3	0	0	0	0	0	0	0
青岛	0	0	0	10	15	0	1	4	23	4	1	0
上海	0	0	0	0	0	0	0	0	—	0	0	0
南京	0	0	0	14	15	0	0	0	0	0	0	12
杭州	0	0	0	7	0	0	0	2	0	2	0	0
合肥	0	0	0	21	9	0	0	0	0	0	0	7
福州	0	0	2	0	0	0	0	7	1	14	3	0
南昌	0	0	0	0	0	12	0	3	3	26	11	0
郑州	0	0	21	13	17	0	7	26	30	31	19	0
武汉	0	0	0	5	0	0	0	0	0	0	0	5
长沙	0	0	0	0	0	0	0	16	0	1	8	0
广州	0	0	9	0	0	0	0	0	0	0	0	0
海口	0	0	8	0	0	0	0	0	0	0	0	0
南宁	0	0	0	0	0	0	0	0	0	0	0	0
桂林	0	0	0	0	0	0	3	17	0	0	0	0
温江	13	9	31	4	0	0	0	0	0	0	0	0
重庆	0	6	22	28	0	0	0	22	0	0	0	0
贵阳	0	0	2	2	0	0	10	23	0	3	0	0
昆明	11	24	31	25	1	6	19	0	0	3	0	0
拉萨	24	9	3	0	0	0	0	0	0	0	0	0
武功	19	3	17	30	17	0	0	1	18	13	17	8
兰州	0	0	7	30	13	0	0	0	0	8	21	0
银川	0	—	—	—	—	—	—	—	—	0	0	—
西宁	0	0	9	28	0	0	0	0	0	0	0	0
乌鲁木齐	0	0	0	0	0	0	0	0	0	0	0	0

表 M4 2013 年全国主要城市各月中旱日数距平(单位:天)

Table M4 The monthly moderate drought days' anomalies of China's major cities in 2013 (unit:d)

城市	1 月	2 月	3 月	4 月	5 月	6 月	7 月	8 月	9 月	10 月	11 月	12 月
北京	−4.0	−5.3	−5.6	−4.0	7.0	−3.2	−4.3	−3.4	−4.9	−6.4	24.2	−2.2
天津	−3.0	−4.1	−4.5	−5.2	6.1	−3.6	−1.3	16.5	4.4	−5.2	−3.6	0.1
石家庄	−4.1	−3.7	−3.6	−5.5	1.9	−4.8	−3.2	−4.1	−4.7	−5.2	−3.3	9.8
太原	−3.7	−4.0	3.8	9.2	−2.7	−1.9	−3.8	−4.2	−4.9	−4.1	−5.1	4.3
呼和浩特	−1.1	−1.5	−4.4	14.6	13.9	−3.3	−4.4	−1.6	−2.7	−5.5	−3.4	−3.7
沈阳	−2.2	−3.5	−3.6	−3.2	−3.6	12.8	−1.2	−4.1	−3.3	−2.5	−0.7	−2.0
大连	−2.6	−2.6	−3.4	−4.5	−4.6	−4.5	−3.5	−3.7	−5.5	−1.2	5.7	−2.9
长春	−0.4	−0.5	−2.3	−4.1	−2.5	−3.6	−2.3	−1.8	−3.6	−6.2	−2.3	−1.0
哈尔滨	−0.2	−0.9	−2.7	−4.1	−4.0	−3.8	−3.0	−2.2	−1.7	−3.3	−2.2	−1.6
济南	−4.8	−3.6	−2.9	−4.3	−0.2	−3.6	−3.5	−2.3	−2.3	−4.0	−4.3	−4.5
青岛	−0.4	−1.5	−1.9	7.1	9.8	−4.4	−2.3	0.5	19.5	−3.5	−3.4	−3.5
上海	−1.1	−0.4	−0.7	−0.9	−3.0	−3.3	−2.7	−2.6	—	−2.8	−3.7	−0.5
南京	−0.9	−0.8	−0.6	11.7	8.6	−3.8	−2.7	−2.8	−2.6	−3.9	−3.1	9.9
杭州	−1.0	0	−0.6	6	−2.5	−3.0	−2.2	−1.5	−2.3	0.3	−3.0	−1.0
合肥	−1.2	−1.3	−0.9	12.1	1.4	−4.1	−2.2	−4.1	−2.0	−3.7	−4.6	5.9
福州	−3.5	−1.5	1.3	−0.1	−1.9	−1.1	−3.5	2.0	−2.4	11.6	0	−2.7
南昌	−1.2	−0.1	−0.6	0	−2.4	9.6	−4.2	−2.0	0.5	15.6	−3.6	−2.6
郑州	−3.5	−3.1	17.8	8.0	14.0	−3.6	2.7	14.3	−3.3	−3.4	16.0	−2.6
武汉	−0.5	−0.9	−1.2	3.4	−2.7	−3.1	−1.8	−1.6	−1.3	−2.6	−2.9	3.5
长沙	−0.9	0	−0.3	−0.4	−1.6	−1.4	−1.9	12.9	−3.2	−1.0	5.1	−1.5
广州	−3.1	−3.7	7.1	−1.3	−1.1	−1.7	−2.2	−2.6	−2.8	−3.7	−4.6	−3.1
海口	−5.8	−3.1	4.5	−4.8	−4.2	−1.9	−3.0	−2.2	−2.0	−3.3	−4.3	−4.4
南宁	−3.8	−2.4	−4.8	−4.4	−4.4	−3.3	−2.1	−2.4	−2.2	−4.1	−3.6	−5.8
桂林	−0.7	−0.6	−1.5	−0.8	−1.7	−0.3	1.2	5.2	−3.0	−5.1	−4.8	−1.9
温江	7.9	6.1	10.9	−2.8	−3.7	−2.9	−4.4	−3.4	−3.1	−2.7	−4.6	−4.6
重庆	−2.2	4.2	8.3	12.0	−1.5	−2.3	−1.4	19.0	−4.2	−2.1	−2.9	−1.7
贵阳	−2.9	−2.2	−1.4	−0.3	−3.5	−2.8	4.5	1.7	−3.3	−0.2	−2.6	−3.5
昆明	−3.1	16.1	17.9	21.5	−2.5	3.2	15.7	−1.9	−2.2	0.8	−1.5	−4.2
拉萨	23.8	8.3	−0.7	−3.3	−3.9	−2.7	−3.6	−2.8	−3.6	−5.0	−4.1	−2.5
武功	15.0	−0.4	9.8	2.4	−1.1	−4.9	−4.2	−2.5	10.6	1.6	13.1	2.6
兰州	−3.3	−5.8	4.7	3.4	9.1	−3.0	−4.2	−3.7	−2.9	2.1	12.9	−5.9
银川	0	—	—	—	—	—	—	—	−0.5	−1.4	−0.5	—
西宁	−1.7	−3.0	5.6	5.8	−3.7	−3.1	−2.0	−1.5	−1.1	−2.5	−3.2	−2.5
乌鲁木齐	−0.5	−0.5	−0.5	−1.9	−1.2	−2.4	−3.4	−3.1	−2.7	−4.0	−1.0	−0.1

表 M5　2013 年全国主要城市各月重旱日数距平(单位:天)

Table M5　The monthly severe drought days' anomalies of China's major cities in 2013（unit:d）

城市	1月	2月	3月	4月	5月	6月	7月	8月	9月	10月	11月	12月
北京	-0.6	-1.4	-3.1	-2.1	10.5	-1.4	-1.9	-2.4	-2.6	-1.3	-1.4	17.9
天津	-0.4	-1.2	-3.2	-2.0	12.3	4.8	-1.7	-1.7	-1.1	-0.7	-1.1	-0.6
石家庄	-1.5	-2.2	-3.1	-1.3	-0.9	-0.6	-0.7	-0.6	-0.9	-0.8	-1.6	-0.6
太原	-2.6	-0.6	8.4	2.1	-2.2	-1.6	-1.5	-1.7	-1.0	-0.6	-1.6	-3.7
呼和浩特	0	-0.7	-1.8	-2.5	10.1	2.2	-1.7	-2.2	-1.1	0	-1.8	-1.0
沈阳	-0.1	-0.3	-1.0	-1.9	-1.8	2.4	-1.8	-1.5	-1.2	-0.2	-0.2	-0.4
大连	-1.6	-1.5	-1.3	-2.0	-2.3	-1.4	-1.7	-1.0	-0.3	-2.5	-0.3	-0.8
长春	0	0	-0.6	-1.5	-1.5	-1.8	-1.1	-1.4	-1.4	-1.6	-1.3	-0.4
哈尔滨	0	-0.1	-0.8	-1.8	-3.0	-1.9	-1.2	-1.1	-1.3	-0.1	-0.3	-0.1
济南	-2.0	-2.1	-0.8	-2.2	-2.6	-1.5	-0.7	-1.2	-1.5	-1.7	-1.6	-1.3
青岛	-2.1	-1.4	-1.2	-1.6	-2.1	-3.0	-1.3	-1.7	-1.6	-0.8	-0.8	-2.3
上海	-0.2	-0.1	-0.1	-0.3	-0.3	-1.5	-1.3	-0.9	—	-0.1	-0.7	-0.6
南京	-0.3	-0.2	-0.3	-0.3	1.3	-1.0	-0.6	-0.6	-1.3	-1.5	-0.2	-0.1
杭州	0	0	0	-0.2	-1.0	-1.2	-0.5	-0.7	-0.6	-2.4	-1.1	-0.8
合肥	-0.5	-0.2	-0.4	5.2	2.9	-1.2	-1.2	-0.5	-1.8	-2.0	-1.0	-1.4
福州	-0.8	-0.6	0	0	-1.1	-1.7	-1.7	-2.2	-1.7	-1.8	-1.6	-1.2
南昌	0	-0.1	-0.2	0	-0.2	-0.2	-0.6	-0.1	-0.4	5.7	9.4	-0.5
郑州	-0.5	-0.3	-1.7	-1.7	-2.7	-1.0	-1.0	8.3	19.1	7.8	-0.9	-1.6
武汉	-0.1	-0.3	-0.2	-0.8	-1.1	-1.1	-0.7	-0.5	-0.4	-0.3	-0.7	-0.7
长沙	0	0	-0.1	-0.1	-1.0	-1.7	-2.3	-1.7	-0.9	-1.8	-1.6	-0.9
广州	-2.0	-2.5	-0.7	0	-0.3	-0.2	-0.3	-1.4	-0.6	-0.8	-0.9	-2.1
海口	-0.4	-1.1	-0.4	-0.3	-1.2	-0.5	-1.0	-0.9	-0.6	-0.9	-1.4	-0.7
南宁	-1.1	-1.7	-1.2	-1.1	-1.2	-0.4	-0.6	-1.7	-1.4	-2.2	-2.7	-0.8
桂林	-1.3	-0.5	-1.3	-0.3	-0.2	-0.2	-0.1	8.1	-1.1	-1.2	-1.8	-1.7
温江	-0.7	-0.6	10.0	2.4	-0.8	-1.9	-1.4	-1.0	-0.1	-1.8	-0.9	-0.7
重庆	-0.1	-0.8	9.6	6.6	-1.7	-0.8	-0.4	-1.0	-0.7	-1.1	-0.6	-0.6
贵阳	-0.6	-0.6	-1.6	-1.1	-2.2	-1.4	3.6	17.9	-2.0	-0.5	-1.8	-1.0
昆明	8.6	2.4	8.7	-1.3	-0.9	-1.1	-2.3	-1.0	-0.6	-0.6	-0.3	-1.2
拉萨	0	0	-0.1	-1.3	-1.3	-2.1	-1.9	-1.2	-0.6	-0.6	-0.8	-0.1
武功	-1.1	-0.7	2.6	20.0	11.0	-2.0	-2.1	-1.1	1.3	6.7	-0.7	-0.1
兰州	-2.6	-2.0	-1.9	17.9	-2.3	-2.1	-2.0	-1.2	-2.1	-1.1	-1.9	-1.8
银川	0	—	—	—	—	—	—	—	-0.6	0	0	—
西宁	-1.0	-0.8	-1.1	11.4	-1.8	-0.5	-1.2	-0.9	-1.0	-2.1	-1.7	-1.5
乌鲁木齐	0	0	-0.6	-1.0	-1.3	-1.6	-1.0	0	-1.1	-0.5	-0.9	0

表 M6　2013 年全国主要城市各月中旱以上日数距平(单位:天)

Table M6　The anomalies of the days from moderate drought to extreme drought of China's major cities in 2013 (unit:d)

城市	1 月	2 月	3 月	4 月	5 月	6 月	7 月	8 月	9 月	10 月	11 月	12 月
北京	−4.6	−6.6	−8.9	−6.9	17.2	−5.4	−6.3	−6.2	−7.9	−7.6	22.8	25.8
天津	−3.5	−5.2	−7.9	−7.7	21.7	3.0	−3.3	14.8	3.0	−5.9	−4.7	−0.6
石家庄	−5.6	−6.7	−7.0	−7.4	0.7	−5.4	−4.0	−4.6	−5.6	−6.0	−4.9	9.2
太原	−6.6	−5.5	11.2	10.7	−5.9	−4.0	−5.4	−5.9	−6.3	−5.2	−6.9	0.5
呼和浩特	−1.1	−2.2	−6.8	11.0	23.4	−2.0	−7.0	−4.2	−3.8	−5.5	−5.1	−4.7
沈阳	−2.3	−3.9	−4.7	−5.3	−7.0	13.9	−3.4	−6.1	−4.5	−2.7	−0.9	−2.3
大连	−4.5	−4.7	−5.2	−6.6	−7.5	−6.5	−5.7	−5.5	−7.7	−4	5.4	−3.9
长春	−0.4	−0.5	−3.0	−5.8	−4.1	−5.6	−3.9	−3.4	−5.0	−8.2	−3.6	−1.4
哈尔滨	−0.2	−1.0	−3.5	−5.9	−7.3	−6.8	−4.9	−3.7	−3.3	−3.4	−2.5	−1.7
济南	−6.7	−6.8	−5.4	−7.5	−3.1	−5.2	−4.4	−3.6	−4.4	−5.6	−6.4	−6.1
青岛	−2.5	−3.3	−4.4	4.7	7.6	−8.1	−4.9	−2.0	17.6	−4.8	−4.1	−5.9
上海	−1.4	−0.5	−0.8	−1.3	−3.3	−5.4	−4.4	−3.7	—	−2.9	−4.5	−2.0
南京	−1.2	−1.0	−0.8	11.2	9.8	−4.8	−3.4	−3.7	−3.9	−5.4	−4.2	9.3
杭州	−1	0	−0.6	5.8	−3.6	−4.6	−3.2	−2.2	−3.3	−2.1	−4.8	−2.1
合肥	−1.6	−1.5	−1.4	16.9	3.6	−5.3	−3.9	−5.0	−4.2	−5.7	−6.3	3.8
福州	−4.3	−2.1	1.2	−0.1	−3.0	−3.7	−5.7	−0.4	−4.1	9.3	−1.8	−4.6
南昌	−1.3	−0.2	−0.8	0	−2.7	9.5	−4.8	−2.1	0.1	21.3	5.7	−3.4
郑州	−4.4	−4.4	15.8	6.2	10.0	−5.1	1.7	22.1	25.4	25.4	14.8	−4.3
武汉	−0.6	−1.3	−1.4	2.1	−4.7	−4.5	−2.6	−2.1	−2.3	−3.1	−3.6	2.3
长沙	−0.9	0	−0.5	−0.4	−3.2	−3.8	−4.9	11.0	−4.2	−2.9	3.6	−2.4
广州	−5.1	−6.1	6.4	−1.3	−1.4	−1.9	−2.6	−4.3	−3.7	−4.8	−5.6	−5.2
海口	−6.2	−4.3	4.1	−5.1	−5.4	−3.3	−5.1	−4.0	−3.5	−4.5	−6.7	−5.9
南宁	−4.9	−4.3	−6.0	−5.5	−6.0	−4.1	−2.9	−4.4	−6.8	−7.1	−7.2	−7.2
桂林	−2.1	−1.1	−3.0	−1.0	−1.9	−0.5	1.1	13.4	−4.5	−6.4	−6.8	−4.4
温江	7.2	5.5	25.9	−1.6	−4.8	−4.9	−5.8	−4.5	−3.2	−4.5	−5.6	−5.4
重庆	−2.3	3.4	19.0	25.7	−4.0	−3.4	−1.8	18.0	−5.0	−3.7	−3.6	−2.4
贵阳	−3.5	−2.8	−3.4	−1.4	−5.9	−4.2	7.5	19.3	−5.5	−1.4	−4.4	−4.5
昆明	5.3	18.2	26.3	20.0	−3.4	1.8	12.8	−3.6	−2.8	−0.3	−2.5	−5.5
拉萨	23.8	8.3	−0.8	−4.7	−5.3	−5.1	−6.5	−4.3	−4.1	−5.6	−4.9	−2.7
武功	13.6	−2.0	11.4	24.1	9.3	−7.4	−6.8	−4.6	11.3	8.2	12.4	2.6
兰州	−5.9	−7.8	1.9	23.6	5.5	−6.7	−7.1	−5.9	−5.2	0.4	11.1	−7.9
银川	0	—	—	—	—	—	—	—	−1.2	−1.4	−0.5	—
西宁	−2.7	−4.1	4.5	24.3	−5.7	−3.6	−3.7	−2.8	−2.9	−5.0	−5.2	−4.6
乌鲁木齐	−0.5	−0.5	−1.4	−4.1	−3.3	−4.6	−4.6	−3.1	−3.8	−5.4	−2.1	−0.1

附录 N   2013 年丝绸之路城市降水量及其距平百分率

表 N1   2013 年丝绸之路城市降水量(单位:毫米)与降水量距平百分率(单位:%)

Table N1   The precipitation (unit:mm) and percentage of precipitation anomaly (unit:%) of the Silk Road cities in 2013

城市	冬季		春季		夏季		秋季		年	
	降水量	降水量距平百分率	降水量	降水量距平百分率	降水量	降水量距平百分率	降水量	降水量距平百分率	降水量	降水量距平百分率
武功	19.4	−8.7	216.0	77.5	152.1	−44.1	102.3	−39.6	488.3	−16.5
宝鸡	9.1	−59	152.9	20.2	281.2	−9.3	148.0	−20.5	590.1	−8.6
天水	8.0	−48.1	144.6	34.5	431.0	76.2	95.0	−28.6	675.2	34.8
兰州	7.2	37.1	59.1	−3.4	186.9	14.1	49.1	−22.7	301.5	2.6
临洮	13.9	31.7	146.4	29.3	315.6	21.8	110.4	−0.6	587.1	18.8
临夏	11.2	2.8	93.7	−16.2	347.1	30.3	111.5	−0.6	562.2	12.1
武威	5.9	9.3	9.8	−70.7	56.4	−39.9	18.7	−51.2	85.2	−50.2
张掖	6.8	32.6	13.0	−44.5	104.8	36.7	5.7	−79.1	125.1	−5.6
酒泉	6.3	48.1	2.8	−84.2	88.4	77.1	3.8	−76.8	98.3	11.2
瓜州	11.9	239.4	12.4	13.7	42.9	53.4	2.2	−67.9	61.7	25.3
敦煌	9.0	266.4	5.7	−43.6	33.2	47.3	2.4	−50.3	46.3	16.0
哈密	13.3	201.1	1.5	−82.2	8.3	−59.3	5.4	−47.2	19.3	−55.8
吐鲁番	11.5	670.1	4.1	45.9	4.4	−38.4	0.2	−94.7	8.7	−43.0
乌什	4.5	−42.1	56.7	72.6	80.8	34.3	31.4	14.2	172.1	34.2
阿克苏	1.5	−79.3	27.8	54.8	115.2	178.9	32.7	134.6	176.2	119.0
库车	2.7	−61.5	6.8	−57.8	65.3	55.8	11.1	−6.4	83.5	8.6
喀什	8.9	9.4	20.0	−14.9	35.9	38.5	8.0	−42.1	69.1	−3.2

说明:西安用武功代替,以下相同。

表 N2   2013 年丝绸之路城市各月降水量(单位:毫米)

Table N2   The monthly precipitation of the Silk Road cities in 2013(unit:mm)

城市	1 月	2 月	3 月	4 月	5 月	6 月	7 月	8 月	9 月	10 月	11 月	12 月
武功	0.2	17.7	3.5	13.6	198.9	15.4	94.0	42.7	59.4	25.3	17.6	0
宝鸡	0	8.0	3.1	23.5	126.3	54.2	178.2	48.8	102.1	28.8	17.1	0
天水	1.1	2.1	5.6	35.9	103.1	81.2	292.9	56.9	68.2	19.2	7.6	1.4
兰州	1.7	4.1	0	7.1	52.0	59.4	90.2	37.3	41.1	4.9	3.1	0.6
临洮	0.5	11.3	0	32.6	113.8	78.1	183.0	54.5	84.1	11.0	15.3	2.9
临夏	1.3	7.6	0	32.3	61.4	82.9	161.6	102.6	89.3	14.7	7.5	1.0
武威	0	0.1	0	4.0	5.8	15.3	12.7	28.4	15.4	3.3	0	0.2
张掖	1	0.6	0	0	13.0	35.3	60.4	9.1	5.6	0	0.1	0
酒泉	1.9	1.4	0	2.2	0.6	37.6	30.3	20.5	3.8	0	0	0
瓜州	3.9	0.2	0	12.4	0	38.8	2.8	1.3	2.0	0	0.2	0.1
敦煌	5.0	0	0	5.7	0	26.3	4.3	2.6	2.4	0	0	0
哈密	0	4.1	0	0	1.5	3.4	4.4	0.5	5.1	0.2	0.1	0
吐鲁番	0	0	0	3.9	0.2	1.2	0.3	2.9	0.2	0	0	0
乌什	0.2	2.9	0	15.4	41.3	40.9	17.7	22.2	19.1	3.2	9.1	0.1
阿克苏	0.5	0	0	0	27.8	93.2	12.0	10.0	15.5	6.0	11.2	0
库车	0	0	0	3.4	3.4	39.7	16.8	8.8	10.2	0	0.9	0.3
喀什	0.3	4.0	0	1.9	18.1	11.8	9.2	14.9	0.4	0	7.6	0.9

表 N3 2013 年丝绸之路城市各月降水量距平百分率(单位:%)

Table N3 The monthly percentage of precipitation anomaly of the Silk Road cities in 2013(unit:%)

城市	1月	2月	3月	4月	5月	6月	7月	8月	9月	10月	11月	12月
武功	−96.6	66.6	−87.6	−61.7	242.5	−77.6	14.4	−64.8	−38.4	−54.3	0	−100.0
宝鸡	−100.0	−25.2	−87.6	−43.7	108.5	−31.6	68.5	−61.0	−10.7	−48.4	7.7	−100.0
天水	−77.7	−69.2	−70.3	5.7	88.4	13.4	239.1	−34.3	−10.7	−58.5	−27.9	−62.4
兰州	2.6	48.4	−100.0	−53.8	36.8	30.9	68.1	−42.4	1.6	−77.3	105.8	−31.8
临洮	−86.6	149.1	−100.0	−7.7	79.8	14.1	93.8	−43.4	21.1	−70.4	250.6	23.8
临夏	−63.9	42.3	−100.0	−0.5	−1.5	16.6	71.8	1.3	26.4	−60.9	91.5	−50.3
武威	−100	−95.7	−100.0	−51.5	−67.9	−45.6	−58.0	−19.8	−38.1	−69.4	−100.0	−86.5
张掖	−52.3	−56.1	−100.0	−100.0	−7.8	70.1	110.5	−66.6	−71.5	−100.0	−94.6	−100.0
酒泉	25.3	10.5	−100.0	−34.2	−92.8	168.5	61.2	19.7	−65.1	−100.0	−100.0	−100.0
瓜州	293.9	−71.7	−100.0	256.7	−100.0	392.8	−74.5	−85.7	−41.6	−100.0	−84.5	−94.5
敦煌	504.8	−100.0	−100.0	89.6	−100.0	297.5	−59.8	−50.2	−15.0	−100.0	−100.0	−100.0
哈密	−100.0	184.1	−100.0	−100.0	−57.7	−43.2	−49.8	−91.1	52.5	−95.0	−96.5	−100.0
吐鲁番	−100.0	−100.0	−100.0	462.5	−82.8	−59.4	−86.6	48.5	−88.2	−100.0	−100.0	−100.0
乌什	−90.4	−17.1	−100.0	60.0	189.4	123.2	−20.0	12.6	−4.7	−40.1	331.3	−95.4
阿克苏	−71.6	−100.0	−100.0	−100.0	182.6	636.2	−26.1	−19.5	85.8	29.4	1066.7	−100.0
库车	−100.0	−100.0	−100.0	−4.0	−64.3	119.5	33.9	−22.0	64.3	−100.0	−51.1	−82.2
喀什	−89.0	6.4	−100.0	−63.3	61.8	30.4	−0.8	96.0	−93.7	−100.0	268.3	−45.6

附录 O　2013 年丝绸之路城市干旱等级日数及其距平

表 O1　2013 年丝绸之路城市中旱日数与日数距平(单位:天)

Table O1　The moderate drought days and its anomalies of the Silk Road cities in 2013(unit:d)

城市	冬季		春季		夏季		秋季		年	
	中旱日数	中旱日数距平	中旱日数	中旱日数距平	中旱日数	中旱日数距平	中旱日数	中旱日数距平	中旱日数	中旱日数距平
武功	35	22.2	23	11.1	1	−11.6	37	25.3	91	42.1
天水	17	5.2	15	3.9	0	−12.5	3	−9.1	42	−6.0
兰州	0	−15.1	28	17.2	0	−10.8	29	12.1	57	3.5
临洮	0	−11.2	10	−0.6	0	−8.8	8	−2.5	18	−23.5
临夏	0	−6.8	22	12.5	0	−6.9	0	−6.9	22	−8.1
张掖	0	−5.5	15	7.7	0	−4.5	24	11.4	48	18.0
酒泉	0	−4.0	0	−8.1	0	−5.2	0	−3.3	0	−20.6
瓜州	0	−0.7	0	−5.9	0	−6.3	0	−2.1	0	−15.0
敦煌	0	−2.1	0	−5.8	0	−3.5	0	−2.0	0	−13.4
哈密	0	−0.8	0	−2.1	0	−5.5	0	−1.7	0	−10.0
吐鲁番	0	0	0	0	0	−1.8	0	−0.6	0	−2.4
乌什	0	−1.5	0	−6.6	0	−7.2	0	−3.0	0	−18.3
阿克苏	0	−1.5	0	−6.3	0	−8.2	0	−2.6	0	−18.6
库车	0	−1.1	0	−4.2	0	−2.9	0	−2.6	0	−10.8
喀什	0	−5.4	0	−10.5	0	−5.3	0	−5.6	0	−26.8

表 O2　2013 年丝绸之路城市重旱日数与日数距平(单位:天)

Table O2　The severe drought days and its anomalies of the Silk Road cities in 2013(unit:d)

城市	冬季		春季		夏季		秋季		年	
	重旱日数	重旱日数距平	重旱日数	重旱日数距平	重旱日数	重旱日数距平	重旱日数	重旱日数距平	重旱日数	重旱日数距平
武功	0	−1.9	39	33.6	0	−5.2	11	7.2	50	33.8
天水	0	−3.3	9	3.7	0	−6.6	0	−4.2	9	−10.5
兰州	0	−7.4	19	13.7	0	−5.4	0	−5.0	19	−3.1
临洮	0	−5.0	9	5.3	0	−4.4	0	−3.9	9	−6.9
临夏	0	−4.8	16	13.0	0	−2.9	0	−5.2	16	0.4
张掖	0	−0.2	7	5.7	0	−1.1	0	−0.5	17	13.9
酒泉	0	−0.3	0	−0.5	0	−0.7	0	0	0	−1.5
瓜州	0	0	0	−0.6	0	−0.9	0	−0.2	0	−1.7
敦煌	0	0	0	0	0	−1.5	0	0	0	−1.5
哈密	0	0	0	0	0	−1.0	0	0	0	−1.1
吐鲁番	0	0	0	0	0	0	0	0	0	0
乌什	0	0	0	−0.5	0	−0.7	0	−1.1	0	−2.3
阿克苏	0	0	0	−0.5	0	−0.6	0	−1.5	0	−2.5
库车	0	0	0	−0.3	0	−0.7	0	−0.6	0	−1.6
喀什	0	−0.1	0	0	0	−1.6	0	−0.5	0	−2.1

表 O3　2013 年丝绸之路城市中旱以上日数与日数距平(单位:天)

Table O3　The days from moderate drought to extreme drought and the corresponding anomalies of

the Silk Road cities in 2013(unit:d)

城市	冬季		春季		夏季		秋季		年	
	中旱以上日数	中旱以上日数距平	中旱以上日数	中旱以上日数距平	中旱以上日数	中旱以上日数距平	中旱以上日数	中旱以上日数距平	中旱以上日数	中旱以上日数距平
武功	35	19.2	64	44.8	1	−18.8	48	31.8	143	72.1
天水	17	1.9	39	22.0	0	−20.5	3	−14.1	66	−4.2
兰州	0	−22.6	50	30.9	0	−19.7	29	6.3	79	−4.1
临洮	0	−17.3	26	10.0	0	−15.8	8	−7.1	34	−29.6
临夏	0	−13.7	38	24.9	0	−11.3	0	−13.2	38	−12.3
张掖	0	−5.7	22	13.4	0	−6.7	24	10.9	70	35.9
酒泉	0	−4.2	0	−8.6	0	−5.9	0	−3.3	0	−22.1
瓜州	0	−0.7	0	−6.5	0	−7.2	0	−2.3	0	−16.8
敦煌	0	−2.1	0	−5.8	0	−5.4	0	−2.0	0	−15.3
哈密	0	−0.8	0	−2.1	0	−7.3	0	−2.9	0	−13.1
吐鲁番	0	0	0	0	0	−1.9	0	−0.6	0	−2.4
乌什	0	−1.5	0	−7.1	0	−8.0	0	−4.0	0	−20.6
阿克苏	0	−1.5	0	−6.8	0	−8.8	0	−4.1	0	−21.1
库车	0	−1.1	0	−4.4	0	−3.6	0	−3.3	0	−12.4
喀什	0	−5.5	0	−10.5	0	−6.9	0	−6.1	0	−28.9

附录 P 丝绸之路城市各月干旱等级日数及其距平

表 P1 2013 年丝绸之路城市各月中旱日数(单位:天)

Table P1 The monthly moderate drought days of the Silk Road cities in 2013(unit:d)

城市	1月	2月	3月	4月	5月	6月	7月	8月	9月	10月	11月	12月
武功	19	3	13	6	4	0	0	1	15	5	17	8
天水	0	17	9	6	0	0	0	0	0	3	0	7
兰州	0	0	7	8	13	0	0	0	0	8	21	0
临洮	0	0	8	2	0	0	0	0	0	2	6	0
临夏	0	0	10	12	0	0	0	0	0	0	0	0
张掖	0	0	0	14	1	0	0	0	0	6	18	9
酒泉	0	0	0	0	0	0	0	0	0	0	0	0
瓜州	0	0	0	0	0	0	0	0	0	0	0	0
敦煌	0	0	0	0	0	0	0	0	0	0	0	0
哈密	0	0	0	0	0	0	0	0	0	0	0	0
吐鲁番	0	0	0	0	0	0	0	0	0	0	0	0
乌什	0	0	0	0	0	0	0	0	0	0	0	0
阿克苏	0	0	0	0	0	0	0	0	0	0	0	0
库车	0	0	0	0	0	0	0	0	0	0	0	0
喀什	0	0	0	0	0	0	0	0	0	0	0	0

表 P2 2013 年丝绸之路城市各月重旱日数(单位:天)

Table P2 The monthly severe drought days of the Silk Road cities in 2013(unit:d)

城市	1月	2月	3月	4月	5月	6月	7月	8月	9月	10月	11月	12月
武功	0	0	4	22	13	0	0	0	3	8	0	0
天水	0	0	7	2	0	0	0	0	0	0	0	0
兰州	0	0	0	19	0	0	0	0	0	0	0	0
临洮	0	0	0	9	0	0	0	0	0	0	0	0
临夏	0	0	0	16	0	0	0	0	0	0	0	0
张掖	0	0	0	1	6	0	0	0	0	0	0	10
酒泉	0	0	0	0	0	0	0	0	0	0	0	0
瓜州	0	0	0	0	0	0	0	0	0	0	0	0
敦煌	0	0	0	0	0	0	0	0	0	0	0	0
哈密	0	0	0	0	0	0	0	0	0	0	0	0
吐鲁番	0	0	0	0	0	0	0	0	0	0	0	0
乌什	0	0	0	0	0	0	0	0	0	0	0	0
阿克苏	0	0	0	0	0	0	0	0	0	0	0	0
库车	0	0	0	0	0	0	0	0	0	0	0	0
喀什	0	0	0	0	0	0	0	0	0	0	0	0

表 P3 2013 年丝绸之路城市各月中旱以上日数(单位:天)

Table P3 The monthly days from moderate drought to extreme drought of the Silk Road cities in 2013(unit:d)

城市	1 月	2 月	3 月	4 月	5 月	6 月	7 月	8 月	9 月	10 月	11 月	12 月
武功	19	3	17	30	17	0	0	1	18	13	17	8
天水	0	17	31	8	0	0	0	0	0	3	0	7
兰州	0	0	7	30	13	0	0	0	0	8	21	0
临洮	0	0	8	18	0	0	0	0	0	2	6	0
临夏	0	0	10	28	0	0	0	0	0	0	0	0
张掖	0	0	0	15	7	0	0	0	0	6	18	24
酒泉	0	0	0	0	0	0	0	0	0	0	0	0
瓜州	0	0	0	0	0	0	0	0	0	0	0	0
敦煌	0	0	0	0	0	0	0	0	0	0	0	0
哈密	0	0	0	0	0	0	0	0	0	0	0	0
吐鲁番	0	0	0	0	0	0	0	0	0	0	0	0
乌什	0	0	0	0	0	0	0	0	0	0	0	0
阿克苏	0	0	0	0	0	0	0	0	0	0	0	0
库车	0	0	0	0	0	0	0	0	0	0	0	0
喀什	0	0	0	0	0	0	0	0	0	0	0	0

表 P4 2013 年丝绸之路城市各月中旱日数距平(单位:天)

Table P4 The monthly moderate drought days anomalies of the Silk Road cities in 2013(unit:d)

城市	1 月	2 月	3 月	4 月	5 月	6 月	7 月	8 月	9 月	10 月	11 月	12 月
武功	15.0	−0.4	9.8	2.4	−1.1	−4.9	−4.2	−2.5	10.6	1.6	13.1	2.6
天水	−4.2	14.3	6.2	2.1	−4.5	−4.0	−3.5	−5.0	−4.8	0.1	−4.4	1.6
兰州	−3.3	−5.8	4.7	3.4	9.1	−3.0	−4.2	−3.7	−2.9	2.1	12.9	−5.9
临洮	−3.4	−2.5	4.9	−0.7	−4.8	−2.3	−3.3	−3.2	−3.3	−0.9	1.6	−5.7
临夏	−2.6	−2.1	7.9	8.7	−4.0	−3.2	−2.4	−1.3	−2.3	−2.0	−2.6	−2.1
张掖	−1.5	−2.5	−3.2	12.4	−1.5	−1.4	−1.6	−1.6	−4.4	1.5	14.2	7.5
酒泉	−1.9	−1.5	−3.0	−2.6	−2.6	−2.5	−1.7	−1.0	−1.5	−1.1	−0.6	−0.5
瓜州	0	−0.3	−2.4	−2.0	−1.6	−1.4	−1.4	−3.5	−1.6	−0.5	0	−0.4
敦煌	−0.5	−1.5	−2.8	−1.3	−1.8	−1.2	−1.3	−1.0	−1.3	−0.5	−0.2	−0.1
哈密	0	0	−0.5	−1.0	−0.6	−1.9	−2.3	−1.3		−1.0	−0.7	−0.8
吐鲁番	0	0	0	0	0	−0.4	−0.7	−0.8	−0.6	0	0	0
乌什	0	−1.5	−1.8	−2.3	−2.5	−1.3	−2.2	−3.8	−1.5	−0.6	−0.9	0
阿克苏	0	−1.5	−1.5	−1.9	−2.9	−1.3	−2.7	−3.6	−1.2	−0.6	−0.8	0
库车	−0.2	−0.8	−0.3	−1.9	−1.9	−0.5	−1.4	−1.1	−0.2	−1.6	−1.8	−0.1
喀什	−0.8	−4.5	−3.9	−2.5	−4.1	−1.9	−1.5	−1.9	−2.4	−2.3	−0.9	−0.2

表 P5　2013 年丝绸之路城市各月重旱日数距平(单位:天)

Table P5　The monthly severe drought days' anomalies of the Silk Road cities in 2013(unit:d)

城市	1 月	2 月	3 月	4 月	5 月	6 月	7 月	8 月	9 月	10 月	11 月	12 月
武功	−1.1	−0.7	2.6	20.0	11.0	−2.0	−2.1	−1.1	1.3	6.7	−0.7	−0.1
天水	−1.4	−1.2	6.1	0.4	−2.8	−1.6	−2.2	−2.9	−1.5	−2.3	−0.4	−0.7
兰州	−2.6	−2.0	−1.9	17.9	−2.3	−2.1	−2.0	−1.2	−2.1	−1.1	−1.9	−1.8
临洮	−1.6	−1.5	−1.5	8.3	−1.5	−2.2	−1.4	−0.8	−0.9	−1.5	−1.5	−0.9
临夏	−1.0	−1.1	−1.2	15.2	−1.0	−1.0	−1.4	−0.5	−0.9	−2.4	−2.0	−2.4
张掖	0	−0.2	−0.1	0.2	5.6	−0.8	0	−0.4	0	−0.5	0	10.0
酒泉	0	−0.3	−0.1	−0.3	−0.1	0	−0.7	0	0	0	0	0
瓜州	0	0	0	−0.4	−0.2	0	0	−0.9	−0.2	0	0	0
敦煌	0	0	0	0	0	0	−0.5	−1.0	0	0	0	0
哈密	0	0	0	0	0	0	0	−0.6	−0.4	0	0	0
吐鲁番	0	0	0	0	0	0	0	0	0	0	0	0
乌什	0	0	−0.4	0	−0.1	−0.3	−0.5	0	0	−0.8	−0.2	0
阿克苏	0	0	−0.4	0	−0.1	−0.2	−0.4	0	−0.1	−0.9	−0.4	0
库车	0	0	0	−0.3	0	0	0	−0.7	−0.6	0	0	0
喀什	0	−0.1	0	0	0	−0.6	−0.3	−0.7	−0.5	0	0	0

表 P6　2013 年丝绸之路各月中旱以上日数距平(单位:天)

Table P6　The monthly days' anomalies from moderate drought to extreme drought of

the Silk Road cities in 2013(unit:d)

城市	1 月	2 月	3 月	4 月	5 月	6 月	7 月	8 月	9 月	10 月	11 月	12 月
武功	13.6	−2.0	11.4	24.1	9.3	−7.4	−6.8	−4.6	11.3	8.2	12.4	2.6
天水	−5.6	13.0	27.2	2.3	−7.5	−5.6	−6.8	−8.1	−6.7	−2.4	−5.0	0.9
兰州	−5.9	−7.8	1.9	23.6	5.5	−6.7	−7.1	−5.9	−5.2	0.4	11.1	−7.9
临洮	−5.1	−4.9	2.4	13.9	−6.3	−5.3	−5.5	−5.0	−4.2	−2.7	−0.2	−6.6
临夏	−4.2	−4.0	6.4	23.6	−5.1	−4.4	−4.4	−2.6	−3.2	−4.8	−5.2	−4.4
张掖	−1.5	−2.7	−3.2	12.5	4.1	−2.6	−2.1	−2.0	−4.4	1.1	14.2	22.5
酒泉	−1.9	−1.8	−3.1	−2.9	−2.7	−2.5	−2.4	−1.0	−1.5	−1.1	−0.6	−0.5
瓜州	0	−0.3	−2.4	−2.4	−1.8	−1.4	−1.4	−4.4	−1.8	−0.5	0	−0.4
敦煌	−0.5	−1.5	−2.8	−1.3	−1.8	−1.2	−2.0	−2.2	−1.3	−0.5	−0.2	−0.1
哈密	0	0	−0.5	−1.0	−0.6	−1.9	−3.0	−2.4	−1.0	−1.2	−0.7	−0.8
吐鲁番	0	0	0	0	0	−0.4	−0.7	−0.8	−0.6	0	0	0
乌什	0	−1.5	−2.2	−2.3	−2.6	−1.6	−2.6	−3.8	−1.5	−1.4	−1.1	0
阿克苏	0	−1.5	−1.9	−1.9	−3.0	−2.1	−3.1	−3.6	−1.4	−1.5	−1.2	0
库车	−0.2	−0.8	−0.3	−1.9	−2.2	−0.5	−1.4	−1.7	−0.9	−1.6	−0.8	−0.1
喀什	−0.8	−4.6	−3.9	−2.5	−4.1	−2.6	−1.8	−2.6	−2.9	−2.3	−0.9	−0.2

Brief Introduction

This yearbook is a comprehensive record, analysis and overview of China meteorological drought in 2013. It is divided into eight chapters. The first chapter describes China climatic characteristics and the temporal, spatial distribution of meteorological droughts in 2013. The second chapter diagnoses the characteristics and causes of major regional serious drought events in China. The third chapter analyzes the characteristics of meteorological drought in four seasons. The fourth chapter describes the impact of drought. The fifth introduces the major meteorological service for drought prevention and disaster reduction. The sixth chapter describes the characteristics of global meteorological drought, global major meteorological drought events and their causes in 2013. The seventh chapter reviews the historical major regional drought events of China. The eighth chapter reviews the new progress in drought monitoring and forecasting in the United States. This yearbook makes a comprehensively summary and analysis on the characteristic and influence of meteorological drought in China in 2013. It is a reference for the government decision—making departments and the persons who work on the service, researcher and teaching in meteorology, agriculture, hydrology, geology, geography, ecology, environment, insurance, humanities, economy, drought risk assessment and management and other industries.

Contents

Appendix B The Days of Meteorological Drought in China

Appendix C Distribution of Annual Meteorological Drought Days for Different Drought Grades

Appendix D Distribution of Annual Meteorological Drought Anomalous Days for Different Drought Grades

Appendix E Distribution of Seasonal Meteorological Drought Days for Different Drought Grades

Appendix F Distribution of Seasonal Meteorological Drought Anomalous Days for Different Drought Grades

Appendix G Distribution of monthly meteorological drought days for different drought grades

Appendix H The30-year (1981—2010) Averaged Annual Precipitation

Appendix I The30-year (1981—2010) Averaged Seasonal Precipitation

Appendix J The30-year (1981—2010) Averaged Monthly Precipitation

Appendix K The precipitation(mm) of the major cities in China in 2013

Appendix L The seasonal and annual drought days and its anomalies of China's major cities in 2013

Appendix M The monthly drought days of China's major cities in 2013

Appendix N The precipitation of the silk roads cities in 2013

Appendix O The seasonal and annual drought days and its anomalies of silk roads' major cities in 2013

Appendix P The monthly drought days of Silk Roads' major cities in 2013(d)